市政工程与建筑电气设计应用

朱桂胜　韩东霞　主　编

吉林科学技术出版社

图书在版编目（CIP）数据

市政工程与建筑电气设计应用 / 朱桂胜，韩东霞主编 . -- 长春：吉林科学技术出版社，2022.5
ISBN 978-7-5578-9286-9

Ⅰ.①市… Ⅱ.①朱…②韩… Ⅲ.①市政工程－工程施工②房屋建筑设备－电气设备－建筑设计 Ⅳ.① TU99 ② TU85

中国版本图书馆 CIP 数据核字 (2022) 第 072923 号

市政工程与建筑电气设计应用

主　　编　朱桂胜　韩东霞
出 版 人　宛　霞
责任编辑　李玉铃
封面设计　姜乐瑶
制　　版　姜乐瑶
幅面尺寸　170mm×240mm　1/16
字　　数　160 千字
页　　数　152
印　　张　9.5
印　　数　1-1500 册
版　　次　2022 年 5 月第 1 版
印　　次　2022 年 5 月第 1 次印刷

出　　版　吉林科学技术出版社
发　　行　吉林科学技术出版社
地　　址　长春市净月区福祉大路 5788 号
邮　　编　130118
发行部电话 / 传真　0431-81629529　81629530　81629531
　　　　　　　　　　81629532　81629533　81629534
储运部电话　0431-86059116
编辑部电话　0431-81629518
印　　刷　廊坊市印艺阁数字科技有限公司

书　　号　ISBN 978-7-5578-9286-9
定　　价　48.00 元

编委会

前　言

　　市政工程属于国家的基础建设，指城市建设中的各种公共交通设施、给水、排水、燃气、城市防洪、环境卫生及照明等基础设施建设，是城市生存和发展必不可少的物质基础，是提高人民生活水平和对外开放的基本条件。建筑电气是利用电工技术、电子技术和近代先进理论，在建筑物内外人为创造并合理保护理想环境，充分发挥建筑物功能的一切电工、电子设备系统。随着建筑技术的迅速发展和现代建筑的出现，建筑物中电气设备的应用内容越来越多，已由原来单一的供配电、照明、防雷和接地，发展到在建筑物中安装空调、冷热源设备、通风设备等建筑设备。

　　本书根据国家、行业及地方新的标准、规范要求，结合建筑工程技术人员和工程实际，紧扣建筑施工新技术、新材料、新工艺、新产品、新标准的发展步伐，对涉及建筑施工的专业知识，进行了科学、合理的划分，由浅入深，重点突出。本书主要内容包括：市政工程的绿色施工管理、市政道路工程施工技术、市政施工道路工程施工措施计划、建筑电气设备和建筑电气照明等。本书内容由浅入深，从理论到实例，方便查阅，可操作性强。

　　由于作者学识和经验有限，虽尽心尽力编写，但仍难免存在疏漏或不妥之处，望广大读者批评指正。

目 录

第一章 市政工程的绿色施工管理

第一节 绿色施工的概念

一、绿色施工的定义

"绿色"一词强调的是对原生态的保护，是借用名词，其实质是为了实现人类生存环境的有效保护和促进经济社会可持续发展。对于工程施工行业而言，在施工过程中只有注重生态环境保护，关注节约与充分利用资源，贯彻以人为本的理念，行业的发展才具有可持续性。绿色施工强调对资源的节约和对环境污染的控制，是根据我国可持续发展战略对工程施工提出的重大举措，具有战略意义。

关于绿色施工，具有代表性的定义主要有如下几种。

住房和城乡建设部颁发的《绿色施工导则》规定，绿色施工是指在工程建设中，在保证质量、安全等基本要求的前提下，通过科学管理和技术进步，最大限度地节约资源与减少对环境负面影响的施工活动，实现四节一环保（节能、节地、节水、节材和环境保护）。这是迄今为止，政府层面对绿色施工概念的最权威界定。

北京市建设委员会与北京市质量技术监督局统一发布的《绿色施工管理规程》指出，绿色施工是建设工程施工阶段严格按照建设工程规划、设计要求，通过建立管理体系和管理制度，采取有效的技术措施，全面贯彻落实国家关于资源节约和环境保护的政策，最大限度节约资源，减少能源消耗，降低施工活动对环境造成的不利影响，提高施工人员的职业健康安全水平，保护施工人员的安全与健康。

《绿色奥运建筑评估体系》提出，绿色施工是通过切实有效的管理制度和工作制度，最大限度地减少施工活动对环境的不利影响，减少资源与能源的消耗，实现可持续发展的施工技术。

还有一些定义，如绿色施工是以可持续发展作为指导思想，通过有效的管理方法和技术途径，以达到尽可能节约资源和保护环境的施工活动。

以上关于绿色施工的定义，尽管说法有所不同，文字表述有繁有简，但本质意义是完全相同的，基本内容具有相似性，推进目的具有一致性，都是为了节约资源和保护环境，实现国家、社会和行业的可持续发展，从不同层面丰富了绿色施工的内涵。另外，对绿色施工定义表述的多样性也说明了绿色施工本身是一个复杂的系统工程，难以用一个定义全面展现其多维内容。

综上所述，绿色施工的本质含义包含如下四个方面。

1.绿色施工以可持续发展为指导思想。绿色施工是在人类日益重视可持续发展的基础上提出的，无论节约资源还是保护环境都是以实现可持续发展为根本目的，因此绿色施工的根本指导思想就是可持续发展。

2.绿色施工的实现途径是绿色施工技术的应用和绿色施工管理的升华。绿色施工必须依托相应的技术和组织管理手段来实现。与传统施工技术相比，绿色施工技术有利于节约资源和对环境保护的技术改进，是实现绿色施工的技术保障。而绿色施工的组织、策划、实施、评价及控制等管理活动，是绿色施工的管理保障。

3.绿色施工是尽可能减少资源消耗和保护环境的工程建设生产活动，这是绿色施工区别于传统施工的根本特征。绿色施工倡导施工活动以节约资源和保护环境为前提，要求施工活动有利于经济社会可持续发展，体现了绿色施工的本质特征与核心内容。

4.绿色施工强调的重点是使施工作业对现场周边环境的负面影响最小，污染物和废弃物排放（如扬尘、噪声等）最小，对有限资源的保护和利用最有效，它是实现工程施工行业升级和更新换代的更优方法与模式。

二、绿色施工的实质

推进绿色施工，是在施工行业贯彻科学发展观，实现国家可持续发展，保护环境，勇于承担社会责任的一种积极应对措施，是施工企业面对严峻的经营形势和严酷的环境压力时的自我加压、挑战历史和引导未来工程建设模式的一种施工活动。工程施工的某些环境负面影响大多具有集中、持续和突发特征，这决定了施工行业推进绿色施工的迫切性和必要性。切实推进绿色施工，使施工过程真正做到四节一环保，对于促使环境改善，提升建筑业环境效益和社会效益具有重要意义。

从施工过程中物质与能量的输入输出分析入手，可以看出施工过程是由一系列工艺过程（如混凝土搅拌等）构成，工艺过程需要投入建筑材料、机械设备、能源和人力等宝贵资源，这些资源一部分转化为建筑产品，还有一部分转化为废弃物或污染物。一般情况下，对于一定的建筑产品，消耗的资源量是一定的，废弃物和污染物的产生量与施工模式直接相关。施工水平产生的绿色程度越高，废弃物和污染物的排放量则越小，反之亦然。

基于以上分析，理解绿色施工的实质应重点把握如下几个方面：

1.绿色施工应把保护和高效利用资源放在重要位置。施工过程是一个大量资源集中投入的过程。绿色施工要把节约资源放在重要位置，本着循环经济要求的"3R"原则（即减量化、再利用、再循环）保护和高效利用资源。在施工过程中就地取材、精细施工，尽可能减少资源投入，加强资源回收利用，减少废弃物排放。

2.绿色施工应将保护环境和控制污染物排放作为前提条件。施工是一种对现场周围乃至更大范围的环境有着相当负面影响的生产活动。施工活动除了对大气和水体有一定的污染外，基坑施工对地下水影响较大，同时还会产生大量的固体废弃物排放以及扬尘、噪声、强光等刺激感官的污染。因此，施工活动必须体现绿色特点，将保护环境和控制污染物排放作为前提条件。

3.绿色施工必须坚持以人为本，注重减轻劳动强度及改善作业条件。施工行业应将以人为本作为基本理念，尊重和保护生命，保障人身健康，高度重视改善建筑工人劳动强度高、居住和作业条件较差、劳动时间偏长的状况。

4.绿色施工必须追求技术进步，把推进建筑工业化和信息化作为重要支撑。

绿色施工不是一句口号，也不仅仅是施工理念的变革，其意在创造一种对人类、自然和社会的环境影响相对较小、资源高效利用的全新施工模式。绿色施工的实现需要技术进步和科技管理的支撑，特别要把推进建筑工业化和施工信息化作为重要方向。这两者对于节约资源、保护环境和改善建筑工人作业条件具有重要的推进作用。

总之,绿色施工并非一项具体技术,而是对整个施工行业提出的一个革命性的变革要求,其影响范围之大、覆盖范围之广是空前的。尽管绿色施工的推进会面临很多困难和障碍,但其代表了施工行业的未来发展方向,其推广和发展势在必行。

第二节 组织管理

建立绿色施工管理体系就是绿色施工管理的组织策划设计,能够制定系统、完整的管理制度和绿色施工的整体目标。在这一管理体系中有明确的责任分配制度,项目经理为绿色施工第一责任人,负责绿色施工的组织实施及目标实现,并指定绿色施工管理人员和监督人员。

一、管理体系

绿色施工管理体系是建立在传统的项目组织结构基础上的,融入了绿色施工目标,并且能够制定相应责任和管理目标以保证绿色施工开展的管理体系。目前的工程项目管理体系依照项目规模的大小、建设特点以及各个项目自身特殊要求的不同,分为职能组织结构、线性组织结构、矩阵组织结构等。绿色施工思想的提出,不是采用一种全新的组织结构形式,而是将其当作建设项目中的一个待实施的目标来实现。绿色施工目标与工程进度目标、成本目标以及质量目标一样,是项目整体目标的一部分。

为了实现绿色施工这一目标,可建立公司和项目两级绿色施工管理体系。

(一)公司级绿色施工管理体系

施工企业应该建立以总经理为第一责任人的绿色施工管理体系,一般由总工程师或副总经理作为绿色施工管理者,负责协调人力资源、成本核算、工程科技、材料设备、市场经营等管理部门。

1.人力资源管理部门

负责绿色施工相关人员的配置和岗位培训；负责监督项目部绿色施工相关培训计划的编制和落实以及效果反馈；负责组织国内和本地区绿色施工新政策、新制度在全公司范围内的宣传等。

2.成本核算管理部门

负责绿色施工直接经济效益分析。

3.工程科技管理部门

负责全公司范围内所有绿色施工创建项目在人员、机械、周转材料、垃圾处理等方面的统筹协调；负责监督项目部绿色施工各项措施的制定和实施；负责对项目部相关数据收集的及时性、齐全性与正确性在全公司范围内进行横向对比，并将结果反馈到项目部；负责组织实施公司一级的绿色施工专项检查；负责配合人力资源管理部门做好绿色施工相关政策的宣传，并负责落实在项目部贯彻执行等。

4.材料设备管理部门

负责建立公司《绿色建材数据库》和《绿色施工机械、机具数据库》并随时更新；负责监督项目部材料限额领料制度的制定和执行情况；负责监督项目部施工机械的维修、保养、年检等管理情况。

5.市场经营管理部门

负责对绿色施工分包合同的评审，将绿色施工有关条款写入合同。

（二）项目绿色施工管理体系

绿色施工创建项目必须建立专门的绿色施工管理体系。项目绿色施工管理体系不要求采用一套全新的组织结构形式，而是建立在传统的项目组织结构的基础上，要求融入绿色施工目标，制定相应职责和管理目标保证绿色施工开展的管理体系。

项目绿色施工管理体系要求在项目部成立绿色施工管理部门，作为总体协调项目建设过程中有关绿色施工事宜的机构。这个机构的成员由项目部相关管理人员组成，还可包含建设项目其他参与方，如建设方、监理方、设计方的人员。同时要求实施绿色施工管理的项目必须设置绿色施工专职管理员，要求各个部门任命相关的绿色施工联络员，履行本部门所涉及的与绿色施工相关的职能。

二、责任分配

绿色施工管理体系中，应当建立完善的责任分配制度。确定绿色施工第一负责人，由他将绿色施工的相关职责划分到各个部门负责人，再由部门负责人将本部门的职责划分到部门中的个人，保证绿色施工整体目标和责任分配。具体做法如下。

管理任务分工。在项目施工组织设计文件中应当包含绿色施工管理任务分工表，编制该表前应结合项目特点对项目实施各阶段与绿色施工有关的质量控制、进度控制、成本控制、信息管理、安全管理和组织协调管理任务进行分解。管理任务分工表应该能明确表示各项工作由哪个工作部门（个人）负责，由哪些工作部门（个人）参与，并在项目进行过程中不断对其进行调整。

管理职能分工。管理职能主要分为四个，即决策、执行、检查和参与，应当保证每项任务都有工作部门或个人负责决策、执行、检查以及参与。

针对由于绿色施工思想的实施而带来的技术上和管理上的新变化和新标准，应该对相关人员进行培训，使其能够胜任新的工作方式。

在责任分配和落实过程中，应该有专人负责协调和监控。同时可以邀请相关专家作为顾问，以保证实施顺利。

（一）公司级绿色施工责任分配

1.总经理为公司绿色施工第一责任人。

2.总工程师或副总经理作为绿色施工管理者负责绿色施工专项管理工作，并全面控制和监督各个部门相关工作进展情况。

3.以工程科技管理部门为主，其他各管理部室负责各自相关的绿色施工管理工作，并配合协助其他部门工作。

（二）项目级绿色施工责任分配

1.项目经理为项目绿色施工第一责任人。

2.项目技术负责人、分管副经理、财务总监以及建设项目参与各方代表等组成绿色施工管理部门。

3.绿色施工管理部门开工前制订绿色施工规划，确定拟采用的绿色施工措施并进行管理任务分工。

4.管理任务分工，其职能主要分为四个：决策、执行、参与和检查。一定要保证每项任务都有管理部门或个人负责决策、执行、参与和检查。

5.项目主要绿色施工管理任务分工表制定完成后，每个执行部门负责编写计划报绿色施工专职管理员，绿色施工专职管理员初审后报项目部绿色施工管理部门审定，作为项目正式指导文件下发到每个相关部门和人员。

6.在绿色施工实施过程中，绿色施工专职管理员应负责各项措施实施情况的协调和监控。同时在实施过程中，针对技术难点、重点，可以聘请相关专家作为顾问，保证实施顺利。

绿色施工管理体系还应有良好的内部与外部交流机制，使得来自项目外部的相关政策信息以及项目内部的绿色施工执行情况和遇到的问题等能够有效传递，并由公司和项目的绿色施工管理责任人和绿色施工管理部门统一指导和协调。

第三节　绿色施工策划

绿色施工策划是工程项目推进绿色施工的关键环节，工程施工项目部应全力认真做好绿色施工策划。工程项目策划应通过工程项目策划书体现，是指导工程项目施工的纲领性文件之一。

工程项目绿色施工策划可通过《工程项目绿色施工组织设计》《工程项目绿色施工方案》，或者由《工程项目绿色施工专项方案》代替，内容上包括绿色施工的管理目标、责任分工体系、绿色施工实施方案和绿色施工措施等基本内容，在编写绿色施工组织设计时，应按现行工程项目施工组织设计编写要求，将绿色施工的相关要求融入相应的章节，形成工程项目绿色施工的系统性文件，按正常程序组织审批和实施。在编写绿色施工专项方案时，应在施工组织设计独立成章，并按有关规定进行审批。绿色施工专项方案应包括但不限于以下内容。

第一，工程项目绿色施工概况。

第二，工程项目绿色施工目标。

第三，工程项目绿色施工组织体系和岗位责任分工。

第四，工程项目绿色施工要素分析及绿色施工评价方案。

第五，各分部分项工程绿色施工要点。

第六，工程机械设备及建材绿色性能评价及选用方案。

第七，绿色施工保证措施等。

一、绿色施工总体策划

（一）公司策划

在确定某工程要实施绿色施工管理后，公司应对其进行总体策划，策划内容包括以下几方面。

1.材料设备管理部门从《绿色建材数据库》中选择距工程500千米范围绿色建材供应商数据供项目选择。从《绿色施工机械、机具数据库》中结合工程具体情况，提出机械设备选型建议。

2.工程科技管理部门收集工程周边在建项目信息，对工程临时设施建设需要的周转材料、临时道路路基建设需要的碎石类建筑垃圾，以及在工程如有前期拆除工序而产生的建筑垃圾就近处理等提出合理化建议。

3.根据工程特点，结合类似工程经验，对工程绿色施工目标设置提出合理化建议和要求。

4.对绿色施工要求的执证人员、特种作业人员提出配置要求和建议，对工程绿色施工实施提出基本培训要求。

5.在全国范围内从绿色施工四节一环保的基本原则出发，统一协调资源、人员、机械设备等，以求达到资源消耗最少、人员搭配最合理、设备协同作业程度最高、最节能的目的。

（二）项目策划

在进行绿色施工专项方案编制前，项目部应对以下因素进行调查并结合调查结果做出绿色施工总体策划。

1.工程建设场地内原有建筑分布情况

原有建筑需拆除时要考虑对拆除材料的再利用。原有建筑需保留，但施工时可以使用，要结合工程情况合理利用。原有建筑需保留，施工时严禁使用并要求进行保护，要制定专门的保护措施。

2.工程建设场地内原有树木情况

（1）需移栽到指定地点时，安排有资质的队伍合理移栽。

（2）需就地保护时，制定就地保护专门措施。

（3）需暂时移栽时，竣工后移栽回现场，安排有资质的队伍合理移栽。

3.工程建设场地周边地下管线及设施分布情况

制定相应的保护措施，考虑施工时是否可以借用，避免重复施工。

4.竣工后规划道路的分布和设计情况

施工道路的设置尽量与规划道路重合，并按规划道路路基设计方案进行施工，避免重复施工。

5.竣工后地下管网的分布和设计情况

特别是排水管网，建议一次性施工到位，避免重复施工。

6.本工程是否同为创绿色建筑工程

如果是，考虑某些绿色建筑设施提前建造，在施工中提前使用，避免重复施工。

7.距施工现场500千米范围内主要材料分布情况

虽然有公司提供的材料供应建议，但项目部仍需要根据工程预算材料清单，对主要材料的生产厂家进行摸底调查，距离太远的材料考虑运输能耗和损耗，在不影响工程质量、安全、进度、美观等前提下，可以提出设计变更建议。

8.相邻建筑施工情况

施工现场周边是否有正在施工或即将施工的项目，从建筑垃圾处理、临时设施周转材料衔接、机械设备协同作业、临时或永久设施共用、土方临时堆场借用、临时绿化移栽等方面考虑是否可以合作。

9.施工主要机械来源

根据公司提供的机械设备选型建议，结合工程现场周边环境，规划施工主要机械的来源，尽量减少运输能耗，以最高效使用为基本原则。

10.其他

（1）设计中是否有某些构配件可以提前施工到位，在施工中运用，避免重复施工。

（2）卸土场地或土方临时堆场考虑运土时对运输路线环境的污染和运输能耗等，距离越近越好。

（3）回填土来源考虑运土时对运输路线环境的污染和运输能耗等，在满足设计要求前提下，距离越近越好。

（4）建筑、生活垃圾处理要联系好回收和清理部门。

二、绿色施工方案

在进行充分调研后，项目部应根据绿色施工策划编制绿色施工方案。

（一）绿色施工方案主要内容

绿色施工方案是在工程施工组织设计的基础上，对绿色施工有关的部分进行具体和细化，主要内容应包括以下几方面。

1.绿色施工组织机构及任务分工。

2.绿色施工的具体目标。

3.绿色施工针对"四节一环保"的具体措施。

4.绿色施工拟采用的新技术措施。

5.绿色施工的评价管理措施。

6.工程主要机械、设备表。

7.绿色施工设施购置（建造）计划清单。

8.绿色施工具体人员组织安排。

9.绿色施工社会经济环境效益分析。

10.施工现场平面布置图等。

其中，绿色施工方案应重点突出环境保护措施、节材措施、节水措施、节能措施、节地与施工用地保护五个方面的内容。

（二）环境保护

1.工程施工过程对环境的影响

工程施工过程通常会扰乱场地环境和影响当地文脉的继承和发扬，对生态系统及生活环境等都会造成不同程度的破坏，具体表现在以下几个方面。

（1）对场地的破坏

场地平整、土方开挖、施工降水、永久及临时设施建造、原材料及场地废弃物的随意堆放等均会对场地上现存的动植物资源、地形地貌、地下水位等造成影响，还会对场地内现存的文物、地方特色资源等带来破坏，甚至导致水土流失、河道淤塞等现象。施工过程中的机械碾压、施工人员践踏植被等也会带来青苗损失和植被破坏等。

（2）噪声污染

建筑施工中的噪声是居民反映最强烈的问题。据统计：在环境噪声源中，建筑施工噪声占5%。根据不同的施工阶段，施工现场产生噪声的设备和活动，包括土石方施工阶段的挖土机、装载机、推土机、运输车等，混凝土施工阶段的振捣棒、混凝土罐车等，这些噪声必定会对周围环境造成滋扰。

（3）施工扬尘污染

据测算，城市中心区平均每增加3～4平方米的施工量，施工扬尘对全市TSP的平均贡献为11g/m³。扬尘源包括：泥浆干燥后形成的灰尘，拆迁、土方施工的扬尘，现场搅拌站、裸露场地、易散落和易飞扬的细颗粒散体材料的运输与存放形成的扬尘，建筑垃圾的存放、运输形成的扬尘等。这些扬尘和灰尘在大风和干燥的天气下都会对周围空气环境质量造成极不利的影响。

（4）泥浆污染

地基施工特别是基坑开挖施工有可能引起大量的泥浆，泥浆会污染道路，堵塞城市排水管道，干燥时变成扬尘形成二次污染。

（5）有毒有害气体对空气的污染

从材料、产品、施工设备或施工过程中散发出来的挥发性有机化合物或微粒均会引起室内外空气质量问题。这些挥发性有机化合物或微粒会对现场工作人员、使用者以及公众的健康构成潜在的威胁和损害。

（6）建筑垃圾污染

工程施工过程中产生的大量建筑垃圾，如泥沙、钢筋废料、混凝土废料等，除了部分用于回填，大量未处理的垃圾将占用宝贵地面并污染环境。

2.环境保护措施

施工过程中具体要依靠施工现场管理技术和施工新技术才能达到保护施工环境的目标。

（1）施工现场管理技术的使用。管理部门和设计单位对承包商使用场地的要求应制定减少场地干扰的场地使用计划。计划中应明确场地内哪些区域将被保护、哪些植物将被保护；在场地平整、土方开挖、施工降水、永久及临时设施建造过程中，怎样减少对工地及其周边的动植物资源、地形地貌、地下水位以及现存文物、地方特色资源等带来的破坏；如何合理安排分包商及各工种对施工场地的使用并减少对材料和设备的搬动，明确各工种为了运送、安装和其他目的对场地通道的要求；如何处理和消除废弃物，如有废物回填或掩埋，应分析其对场地生态和环境的影响。

（2）对施工现场路面进行硬化处理和进行必要的绿化，并定期洒水、清扫，车辆不带泥土进出现场，可在大门口处设置碎石路和刷车沟；对水泥、白灰、珍珠岩等粉状材料要设封闭式专库存放，在运输时应注意遮盖以防止遗撒；对搅拌站进行封闭处理并设置除尘设施。

（3）经沉淀的现场施工污水（如搅拌站污水、水磨石污水）和经隔油池处理后的食堂污水可用于降尘、刷洗汽车轮胎，提高水资源利用率。

（4）应对建筑垃圾的产生、排放、收集、运输、利用、处置的全过程进行统筹规划，如现场垃圾及渣土要分类存放，加强回收利用，防止建筑垃圾堆积在建筑物内，贮存好可能造成污染的材料等。应做到尽可能防止和减少建筑垃圾的产生，对生产的垃圾尽可能通过回收和资源化利用对垃圾的流向进行有效控制，严禁垃圾无序倾倒；尽可能采用成熟技术，防止二次污染，实现建筑垃圾的减量化、资源化和无害化目标。

（5）现场油漆、油料氧气瓶、乙炔瓶、液化气瓶、外加剂、化学药品等危险、有毒有害物品要分隔设库存放。尽量使用低挥发性的材料或产品。应将有毒的工作安排在非工作时间进行，并做好通风措施。

（6）采用现代化的隔离防护设备（对噪声大的车辆及设备可安装消声器消声，如阻尼消声器、穿微孔消声器等，对噪声大的作业面可设置隔声屏、隔声间）；采用低噪声、低震动的建筑机械（如低噪声的振捣器、风机、电动空压机、电锯等）；将产生噪声的设备和活动远离人群、合理安排施工时间等。

（7）承包商在选择施工方法、施工机械、安排施工顺序、布置施工场地时应结合气候特征。主要表现在承包商应尽可能地合理安排施工顺序，使会受到不利气候影响的施工程序能够在不利气候来临前完成；安排好全场性排水、防洪，减少对现场及周围环境的影响；施工场地布置结合气候天气以符合劳动保护、安全、防火的要求；起重设施的布置应考虑风、雷电的影响；在冬季、雨季、风季、炎热夏季施工中应针对工程特点，选择适合的季节性施工方法或措施。

（三）绿色建材的使用和节材措施

1.绿色建材的使用

绿色建材的含义是指采用清洁的生产技术，少用天然资源，大量使用工业或城市固体废弃物和农作物秸秆，生产无毒、无污染、无放射性，有利于环保与人体健康的建筑材料。绿色建筑材料的基本特征是：

（1）建筑材料生产尽量少用天然资源，应大量使用尾矿、废渣、垃圾等废弃物。

（2）采用低能耗、无污染的生产技术。

（3）在生产中不得使用甲醛、芳香族、碳氢化合物等，不得使用氟、铬及其化合物制成的颜料、添加剂和制品。

（4）产品不仅不损害人体健康，而且有益于人体健康。

（5）产品具有多种功能，如抗菌、灭菌、除霜、除臭、隔热、保温、防火、调温、消磁、防射线和抗静电等功能。

（6）产品循环和回收利用，废弃物应无污染以防止二次污染。

使用绿色建材要求施工单位按照国家、行业或地方对绿色建材的法律、法规及评价方法选择建筑材料，确保建筑材料的质量。选用耗能低、高性能、高耐久性的建材；选用可降解、对环境污染少的建材；选用可循环、可回用和可再生的建材；采用以废弃物为原料生产的建材；就地取材，充分利用本地资源进行施工，减少运输的能源消耗和对环境造成的影响。

2.节材措施

（1）节约资源，合理使用建设用地范围内的原有建筑，用于建设施工临时用房，将拆下的可回用材料，如钢材、木材等进行分类处理、回收与再利用；设置的临时设施应充分利用旧料；选用装配方便、可循环利用的材料；采用工厂定型生产的成品，减少现场加工量与废料；减少建筑垃圾，充分利用废弃物。

（2）减少材料的损耗。通过更仔细的采购，合理的现场保管，减少材料的搬运次数，减少包装，完善操作工艺，增加摊销材料的周转次数，提高材料的使用效率。

（3）可回收资源的利用。可回收资源的利用是节约资源的主要手段，也是当前应加强的方向。主要体现在两个方面：一是使用可再生的或含有可再生成分的产品和材料，助于将可回收部分从废弃物中分离出来，同时减少了原始材料的使用，即减少了自然资源的消耗；二是加大资源和材料的回收利用、循环利用，如在施工现场建立废物回收系统、再回收或重复利用在拆除时得到的材料，减少施工中材料的消耗量或通过销售增加企业的收入，降低企业运输或填埋垃圾的费用。

（4）建筑垃圾的减量化。实现绿色施工，建筑垃圾的减量化是关键因素之一。目前建筑垃圾的数量很大，建筑垃圾的堆放或填埋均占用大量的土地，对环境产生很大的影响，包括建筑垃圾的淋滤液渗入土层和含水层，污染土壤环境及地下水；有机物质发生分解产生有害气体，污染空气。同时忽视对建筑垃圾的再利用，浪费大量的资源。我们的目的是实现建筑垃圾减量化和建筑垃圾的重复利用，应该对施工现场产出的建筑垃圾情况进行调查，包括种类、数量、产生原因、可再利用程度等，为减量化和再利用打下基础。

（5）临时设施充分利用旧料和现场拆迁回收材料，使用装配方便、可循环利用的材料；周转材料、循环使用材料和机具应耐用且维护与拆卸方便，易于回收和再利用，采用工业化的成品，减少现场作业与废料；减少建筑垃圾，充分利用废弃物。

3.节水措施

据调查，建筑施工用水的消耗约占整个建筑成本的0.2%，因此在施工过程中对水资源进行管理有助于减少浪费，提高效益，节约开支。所以，根据工程所在地的水资源状况，现场可不同程度地采取以下措施。

（1）通过监测水资源的使用，安装小流量的设备和器具，减少施工期间的用水量。

（2）采用节水型器具，摒弃浪费用水陋习，降低用水量。

（3）有效利用基础施工阶段的地下水。

（4）在可能的场所通过利用雨水减少施工期间的用水量。

（5）在被许可的情况下设置废水重复、回用系统。

4.节能措施

可采取的节能措施有以下几种。

（1）通过改善能源使用结构，有效控制施工过程中的能耗；根据具体情况合理组织施工，积极推广节能新技术、新工艺；制定合理施工能耗指标，提高施工能源利用率；确保施工设备满负荷运转，减少无用功；禁止不合格临时设施用电。

（2）在工艺和设备选型时，优先采用技术成熟且能源消耗低的工艺设备，对设备进行定期维护、保养，保证设备运转正常，降低能源消耗，不因设备的不正常运转造成能源浪费，施工机械及办公室的电器等闲置时应关闭电源。

（3）合理安排施工工序，根据施工总进度计划、在施工进度允许的前提下，尽可能减少夜间施工；地下室照明均使用节能灯；所有电焊机均配备空载短路装置，以降低功耗；夜间施工完成后，关闭现场施工区域内大部分照明，仅留四周道路照明供夜间巡视。

5.节地与施工用地保护措施

（1）合理布设临时道路。临时工程主要包括临时道路、临时建筑物与便桥等，临时道路按使用性质，分干线和引入线两类。贯通全线或区段的为干线，由干线或既有公路通往重点工程或临时辅助设施的为引入线。为工程施工需要而修建的临时道路，应根据运量、距离、工期、地形、当地材料以及使用的车辆类型等情况决定，以达到能及时有效地供应施工人员生活资料和全线工程所需机具材料等为目的，同时充分考虑节约用地，尤其是保护耕地这个不容忽视的因素。因此，在施工调查中要着重研究城乡交通运输情况，充分利用既有道路和水运运输能力，核对设计部门提出的有关临时道路资料，落实必须经过的控制点和道路类型与标准。结合施工认真贯彻节约用地与保护耕地的方针，合理布置与修筑临时道路。

（2）合理布置临时房屋。施工用临时房屋主要包括办公、居住、厂、库、文化福利等各种生产和生活房屋，这些临时房屋的特点是施工时间要求快，使用时间短，工程结束后即可拆除。因此，除应尽量利用附近已有房屋和提前修建正式房屋外，还须尽量使用帐篷和拆装式房屋，既省工省料、降低造价，又利于将来土地复垦。当临时房屋可以移交当地管理部门或地方使用时，可适当提高标准，并在建筑和结构形式上尽可能考虑使用的要求。

（3）合理设计取弃土方案。填基取土、挖坑弃土以及其他取弃土工程是建筑工程施工过程中最基本的工作之一。取土、弃土都占用土地，如何取弃土、从哪儿取土、往哪儿弃土等问题，处理好了既可以节省工程量，又可以少占耕地。通过采取以下方案，可达成节地与保护用地目标。

①集中取弃土。当填方数量较大时，宜设置取土场集中取土，买土不征地。同样，可选择低凹荒地、废弃的坑塘等处集中弃土，争取弃土不征地。

②合理调配取弃土。道路工程施工时，土石方工程占较大比重，所需劳动力和机具较多，合理地对土石方进行综合调配，在经济运距内尽量移挖作填，减少施工土方，是减少用地的有效措施。

③施工结束后，对于临时用地应及时恢复耕种条件，退还农民耕种；为配合农业水利建设，把有些地段的高填路堤的修筑标准适当提高，达到水坝的质量要求后可以扩大农用灌溉面积。

（4）在设施的布置中要节约并合理使用土地，在施工中加大禁止使用黏土红砖的执法力度，逐步淘汰使用多孔红砖。充分利用地上地下空间，如多高层建筑、地铁、地下公路等。

（5）施工组织中，科学地进行施工总平面图设计，目的是对施工场地进行科学规划以合理利用空间。在施工总平面图上，临时设施、材料堆场、物资仓库、大型机械、物件堆场、消防设施、道路及进出口、加工场地、水电管线、周转使用场地都应合理，以达到节约用地、方便施工的目的。

第四节　绿色施工实施

绿色施工的实施是一个复杂的系统工程，需要在管理层面充分发挥计划、组织、领导和控制职能，建立系统的管理体系，明确第一责任人，持续改进，合理协调，强化检查与监督等。

一、建立系统的管理体系

面对不同的施工对象，绿色施工管理体系可能会有所不同，但其实现绿色施工过程受控的主要目的是一致的，覆盖施工企业和工程项目绿色施工管理体系的两个层面的要求是不变的。因此工程项目绿色施工管理体系应成为企业和项目管理体系有机整体的重要组成部分，它包括制定、实施、评审和保障实现绿色施工目标所需的组织机构及职责分工、规划活动、相关制度、流程和资源分组等，主要由组织管理体系和监督控制体系构成。

（一）组织管理体系

在组织管理体系中，要确定绿色施工的相关组织机构和责任分工，明确项目经理为第一责任人，使绿色施工的各项工作任务有明确的部门和岗位。如某工程项目为了更好地推进绿色施工，建立了一套完备的组织管理体系，成立由项目经理、项目副经理、项目总工为正副组长及各部门负责人构成的绿色施工领导小组。明确由组长（项目经理）作为第一责任人，全面统筹绿色施工的策划、实施、评价等工作；由副组长（项目副经理）挂帅进行绿色施工的推进，负责批次、阶段和单位工程评价组织等工作；另一副组长（项目总工）负责绿色施工组织设计、绿色施工方案或绿色施工专项方案的编制，指导绿色施工在工程中的实施；同时明确由质量与安全部负责项目部绿色施工日常监督工作，根据绿色施工涉及的技术、材料、能源、机械、行政、后勤、安全、环保以及劳务等各个职能系统的特点，把绿色施工的相关责任落实到工程项目的每个部门和岗位，做到全体成员分工负责，齐抓共管，把绿色施工与全体成员的具体工作联系起来，系统考核，综合激励，以期取得良好效果。

（二）监督控制体系

绿色施工需要强化计划与监督控制，有力的监督控制体系是实现绿色施工的重要保障。在管理流程上，绿色施工必须执行策划、实施、检查与评价等环节。绿色施工要通过监控，测量实施效果，提出改进意见。绿色施工是过程，过程实施完成后绿色施工的实施效果难以准确测量。因此，工程项目绿色施工需要强化过程监督与控制，建立监督控制体系。体系的构建应由建设、监理和施工等单位构成，共同参与绿色施工的批次、阶段和单位工程评价及施工过程的见证。在工程项目施工中，施工方、监理方要重视日常检查和监督，依据实际状况与评价指标的要求严格控制，通过PDCA循环，促进持续改进，提升绿色施工实施水平。监督控制体系要充分发挥旁站监控职能，使绿色施工扎实进行，保障相应目标实现。

二、明确项目经理是绿色施工第一责任人

绿色施工需要明确第一责任人，以加强绿色施工管理。施工中存在的环保意识不强、绿色施工投入不足、绿色施工管理制度不健全、绿色施工措施落实不到位等问题，是制约绿色施工有效实施的关键问题。应明确工程项目经理为绿色施工的第一责任人，由项目经理全面负责绿色施工，承担工程项目绿色施工推进责任。这样工程项目绿色施工才能落到实处，才能调动和整合项目内外资源，在工程项目部形成全项目、全员推进绿色施工的良好氛围。

三、PDCA 原理

绿色施工推进应遵循管理学中通用的PDCA原理。PDCA原理，又名PDCA循环，也叫质量环，是管理学中的一个通用模型。PDCA原理适用于一切管理活动，它是能使任何一项活动有效进行的一种合乎逻辑的工作程序。

（一）PDCA 的特点

PDCA循环，可以使我们的思想方法和工作步骤更加条理化、系统化、图像化和科学化。它具有如下特点。

1.大环套小环，小环保大环，推动大循环

PDCA循环作为管理的基本方法，适用于整个工程项目的绿色施工管理。整个工程项目绿色施工管理本身形成一个PDCA循环，内部又嵌套着各部门绿色施工管理PDCA小循环，层层循环，形成大环套小环，小环里面又套更小的环。大环是小环的母体和依据，小环是大环的分解和保证，通过循环把绿色施工的各项工作有机地联系起来，彼此协同，互相促进。

2.不断前进，不断提高

PDCA循环就像爬楼梯一样，一个循环运转结束，绿色施工的水平就会提高

一步，再进行下一个循环，再运转、再提高，不断前进，不断提高。

3.门路式上升

PDCA循环不是在同一水平上循环，每循环一次就解决一部分题目，取得一部分成果，工作就前进一步，水平就提高一步。每完成一次PDCA循环，都要进行总结，提出新目标，再进行第二次PDCA循环，使绿色施工的车轮滚滚向前。

（二）PDCA 循环的基本阶段和步骤

绿色施工持续改进（PDCA循环）的基本阶段和步骤如下：

1.计划（P）阶段

根据绿色施工的要求和组织方针，提出工程项目绿色施工的基本目标。

步骤一：明确四节一环保的主题要求。绿色施工以施工过程有效实现四节一环保为前提，这也是绿色施工的导向和相关决策的依据。

步骤二：设定绿色施工应达到的目标。也就是绿色施工所要做到的内容和达到的标准。目标是定性与定量化的结合，能够用数量表示的指标要尽可能量化，不能用数量表示的指标也要明确。目标是用来衡量实际效果的指标，所以设定应该有依据，要通过充分的现状调查和比较获得。《建筑工程绿色施工评价标准》（GB/T 50640–2010）提供了绿色施工衡量指标体系，工程项目要结合自身能力和项目总体要求，具体确定实现各个指标的程度与水平。

步骤三：策划绿色施工有关的各种方案并确定最佳方案。针对工程项目，绿色施工的可能方案有很多，然而现实条件中不可能把所有想到的方案都实施，所以提出各种方案后优选并确定出最佳的方案是较有效率的方法。

步骤四：制定对策，细化分解策划方案。有了好的方案，其中的细节也不能忽视，计划的内容如何完成好，需要将方案步骤具体化，逐一制定对策，明确回答出方案中的"5W2H"。即为什么制定该措施（Why）？要达到什么目标（What）？在何处执行（Where）？由谁负责完成（Who）？什么时间完成（When）？如何完成（How）？花费多少（How much）？

2.实施（D）阶段

按照绿色施工的策划方案，在实施的基础上，努力实现预期目标的过程。

步骤五：绿色施工实施过程的测量与监督。对策制定完成后进入具体实施阶段。在这一阶段除了按计划和方案实施外，还必须对过程进行测量，确保工作能够按计划进度实施。同时建立数据采集，收集过程的原始记录和数据等项目文档。

3.检查效果（C）阶段

确认绿色施工的实施是否达到了预定目标。

步骤六：绿色施工的效果检查。方案是否有效、目标是否完成，需要进行效果检查后才能得出结论。将采取的对策进行确认后，对采集到的证据进行总结分析，把完成情况同目标值进行比较，看是否达到了预定的目标。如果没有出现预期的结果，应该确认是否严格按照计划实施对策。如果是，意味着对策失败，需要重新进行最佳方案的确定。

4.处置（A）阶段

步骤七：标准化。对已被证明的有成效的绿色施工措施，进行标准化管理，制定工作标准，以便在企业中执行和推广，并最终转化为施工企业的组织过程资产。

步骤八：问题总结。对绿色施工方案中效果不显著的或者实施过程中出现的问题进行总结，为开展新一轮的PDCA循环提供依据。

总之，绿色施工过程通过实施PDCA管理循环，能够实现自主性的工作改进。此外需要重点强调的是，绿色施工起始的计划（P）实际应为工程项目绿色施工组织设计、施工方案或绿色施工专项方案，应通过实施（D）和检查（C），发现问题，制订改进方案，形成恰当处理意见（A），指导新的PDCA循环，实现新的提升，如此循环，持续提高绿色施工水平。

四、绿色施工的协调

为了确保绿色施工目标的实现，在施工中要高度重视施工调度与协调管理。应对施工现场进行统一调度、统一安排与协调管理，严格按照策划方案，精心组织施工，确保有计划、有步骤地实现绿色施工的各项目标。

绿色施工是工程施工的升级版，应特别重视施工过程的协调和调度，应建立以项目经理为核心的调度体系，及时反馈上级及建设单位的意见，处理绿色施工中出现的问题，并及时加以落实执行，实现各种现场资源的高效利用。工程项目绿色施工的总调度应由项目经理担任，负责绿色施工的总体协调，确保施工过程达到绿色施工合格水平以上。施工现场总调度的职责如下：

1.监督、检查含绿色施工方案的执行情况，负责人力、物力的综合平衡，促进生产活动正常进行。

2.定期召开由建设单位、上级职能部门、设计单位、监理单位参加的协调会，解决绿色施工疑问和难点。

3.定期组织召开各专业管理人员及作业班组长参加的会议，分析整个工程的进度、成本、计划、质量、安全、绿色施工执行情况，使项目策划的内容准确落实到项目实施中。

4.指派专人负责，协调各专业工长的工作，组织好各分部、分项工程的施工衔接，协调穿插作业，保证施工的条理化、程序化。

5.施工组织协调建立在计划和目标管理基础之上，根据绿色施工策划文件与工程有关的经济技术文件进行，指挥调度必须准确、及时、果断。

6.建立与建设、监理单位在计划管理、技术质量管理和资金管理等方面的协调配合措施。

五、检查与监测

绿色施工的检查与检测包括日常检查、定期检查与监测，其目的是检查绿色施工的总体实施情况，测量绿色施工目标的完成情况和效果，为后续施工提供改进和提升的依据和方向。检查与监测的手段可以是定性的，也可以是定量的。工程项目可针对绿色施工制定季度检、月检、周检、日检等不同频率周期的检查制度，周检、日检侧重于工长和班组层面，月检、周检应侧重于项目部层面，季度检可侧重于企业或分公司层面。监测内容应在策划书中明确，针对不同监测项目建立监测制度，采取措施，保证监测数据准确，满足绿色施工的内外评价要求。总之，绿色施工的检查与测量要以《建筑工程绿色施工评价标准》（GB/T 50640–2010）和绿色施工策划文件为依据，检查和监测各目标和方案落实情况。

第五节　绿色施工评价

绿色施工评价是绿色施工管理的一个重要环节，通过评价可以衡量工程项目达成绿色施工目标的程度，为绿色施工持续改进提供依据。

一、评价目的

依据《建筑工程绿色施工评价标准》（GB/T 50640-2010），对工程项目绿色施工实施情况进行评价，度量工程项目绿色施工水平，其目的，一是了解自我，客观认定本项目各类资源的节约与高效利用水平、污染排放控制程度，正确反映绿色施工方面的情况，使项目部心中有数；二是尽力督促持续改进，绿色施工评价要求建设单位、监理方协同评价，利于绿色施工水平提高，并能借助第三方力量会同诊断，褒扬成绩，找出问题，制定对策，利于持续改进；三是用定量评价数据说话，绿色施工通过交流方法对施工过程进行评估，从微观要素评价点的评价入手，体现绿色施工的宏观量化效果，利于不同项目的比较，具有科学性。

二、指导思想

根据《绿色施工导则》和《建筑工程绿色施工评价标准》（GB/T 50640-2010）的相关界定和规定，以预防为主、防治结合、清洁生产、全过程控制的现代环境管理思想和循环经济理念为指导，本着为社会负责、为企业负责、为项目负责的精神，紧密结合工程项目特点和周边区域的环境特征，以实事求是的态度开展评价工作，保证评价过程科学、细致、深入，评价结果客观可靠，以便实现绿色施工的持续改进。

三、评价思路

1.工程项目绿色施工评价应符合如下原则：一是尽可能简便的原则；二是覆

盖施工全过程的原则；三是相关方参与的原则；四是符合项目实际的原则；五是评价与评比通用的原则。

2.工程项目绿色施工评价应体现客观性、代表性、简便性、追溯性和可调整性的五项要求。

3.工程项目绿色施工评价坚持定量与定性相结合，以定性为主导，坚持技术与管理评价相结合，以综合评价为基础，坚持结果与措施评价相结合，以措施落实状况为评价重点。

4.检查与评价以相关技术和管理资料为依据，重视资料取证，强调资料的可追溯性和可查证性。

5.以批次评价为基本载体，强调绿色施工不合格评价点的查找，据此提出持续改进的方向，形成防止再发生的建议意见。

6.工程项目绿色施工评价达到优良时，可参与社会评优。

7.借助绿色施工的过程评价，强化绿色施工理念，提升相关人员的绿色施工能力，促进绿色施工水平的提高。

第二章 市政道路工程施工技术

第一节 施工方案及技术措施

单位工程施工组织设计是指以单位工程为主要对象编制的施工组织设计，对单位工程的施工过程起指导和制约作用。单位工程施工组织设计是一个工程的战略部署，是宏观定性的，体现指导性和原则性的，是将建筑物的蓝图转化为实物的总文件，内容包含了施工全过程的部署、选定技术方案、进度计划及相关资源计划安排、各种组织保障措施。单位工程施工组织设计是对项目施工全过程的管理性文件。本章以某市政道路工程为例进行阐述。

一、总体施工方案

（一）现场施工条件

某市政道路工程，起点K7+800，南至南绕城高速，全长2400m（另含文德路318m），共划分为2个标段。第一段北起K7+800，南至K9+119，全长1319m。第二段北起K9+119，南至南绕城高速，全长1081m，另含文德路318m。

1.一段现场施工条件

本段全长1319m。

（1）一段北段基本位于现状道路上，沿现状道路向北通往G104。由于二期工程正在施工，现状路过往大型施工车辆较多且破损严重，道路两侧主要为在建工地及民房等。

（2）一段中部基本位于现状道路东侧沟渠或荒地上，道路处现状地面比现状道路高程低约2~3m，道路处现状多为建筑垃圾、树木或杂草等。

（3）一段南段位于邵而庄，周边民房、商铺较多且工程位置处已基本拆除，周边有现状雨污水管线。经过邵而庄后，向南约100m到达一、二段分界点，邵而庄以南现状为一片荒地，地势平坦。

2.二段现场施工条件

（1）二段外环路北段位于外环路高架桥下方，现状主要为沟渠（陡沟、陡沟支沟）、农田或荒地等，且现状地面起伏较大。外环路高架桥项目部已进场施工，并在局部路段修筑了施工便道。

（2）外环路南段现状多为荒地，地势平坦，与现状道路高程相差不大；终点处与现状沥青砼路面顺接，顺接处杂草较多，须进行清表处理。

（3）文德路与外环路交叉口处地势较高，现场土石方堆放较多且外环路正在施工中；文德路中部地势低洼，现状多为建筑垃圾、树木、农田、民房等；文德路与二环南路交口处有雨水箱涵一座，箱涵处杂草较多。

（二）施工区域划分及施工安排

1.一段施工区域划分及施工安排

（1）施工区域划分：根据施工内容和施工范围分布及现场勘查情况，考虑到本工程施工内容多、工程量大、线路较长，为保证工程顺利实施，拟将本工程一段分为施工一区和施工二区，两个施工区平行施工，各施工区内组织流水施工。

①施工一区：包括外环路K7+800-K8+500施工范围内所有工程内容。

②施工二区：包括外环路K8+500-K9+119施工范围内所有工程内容。

（2）总体施工安排：考虑到本工程一段地面道路与高架桥位置重叠且工期大致相同，相互干扰较大，并且答疑文件明确要求"应考虑高架桥对地面道路施工的影响"的情况，拟将本段划分为四个施工阶段：道路土石方及挡墙施工阶段、高架桥上部结构施工阶段、地面道路及管线施工阶段、沥青砼面层及附属施工阶段。

首先进行道路土石方施工，道路土石方施工完毕后，在进行高架桥下部结构施工过程中同时完成挡土墙施工；高架桥上部结构施工完毕支架拆除后，进行地面道路及管线施工。地面道路及管线施工采取分幅施工，即先进行西半幅地面道路及管线施工，后进行东半幅地面道路施工。

（三）各施工阶段具体安排

根据前述施工区划分情况可知，两个施工区施工内容基本相同，但施工现场周边情况不同，施工过程中根据现状情况进行组织，具体施工安排如下。

1.施工准备

进场后首先进行施工准备工作，完成人员、机械设备进场及施工前期测量放线工作。

2.道路土石方及挡墙施工阶段

外环路K7+800-K8+100段地面道路与现状重叠，可利用现状路作为施工便道，在现状路两侧进行路基土石方填筑施工。

外环路K8+100-K8+500段地面道路位于现状沟渠处，无现状路，采取封闭施工。

道路土石方施工完毕后，在高架桥下部结构施工过程中，同时完成挡墙施工和K8+890-K9+072段雨水连接管及出水口施工。

3.高架桥上部结构施工阶段

道路土石方及挡墙施工完毕后，进行高架桥上部结构施工。

4.地面道路及管线施工阶段

高架桥上部结构施工完毕支架拆除后，进行地面道路及管线施工。地面道路及管线施工采取分幅施工，即先进行西半幅地面道路及管线施工，后进行东半幅地面道路施工。

（1）首先进行原水、燃气管线施工，然后进行西半幅道路结构层施工；西半幅两个施工区道路结构层全部（除沥青砼面层外）施工完毕后，统一进行西半幅沥青砼中下面层施工。

（2）西半幅沥青砼中下面层施工完毕并进行交通改线后，进行东半幅道路结构层施工，考虑到此时进入冬期施工，东半幅道路结构层施工至水稳基层完毕后，进行覆盖保温处理。

5.沥青砼面层及附属施工阶段

天气回暖后，首先进行东半幅沥青砼中下面层施工，然后统一进行全线沥青砼上面层施工，最后进行边坡防护施工。

6.竣工清理

全部工程内容施工完毕后，进行现场清理，准备竣工验收。

二、施工准备技术措施

施工准备阶段是项目部实施生产的首要环节，结合本工程的具体情况，开工前做好如下准备工作。

（一）现场施工准备工作

1.接通施工临时供水、供电线路。

2.修建为施工服务的各类暂设工程及辅助、附属设施。

3.组织施工力量，调整和健全施工组织机构。

4.组织材料、半成品的加工、订货和分批进场。

5.施工机具的维修、组装、试验、测试和鉴定。

6.进行现场的场地准备，根据施工计划，平整施工现场，便于组建办公室、宿舍及材料加工场地等。

7.根据现场情况、设计要求及施工计划，现场平面布置如下。

（1）项目部设置：一段：组建"一段项目部"，项目部下设两个项目分部：道路工程项目分部和管网工程项目分部。各项目分部分别负责各自专业范围内工程的施工。二段：组建"二段项目部"，项目部下设两个项目分部：项目一分部和项目二分部。各项目分部分别负责各自施工范围内的工程施工。项目分部设仓库、民工宿舍、材料加工、堆放场地和机械停放场地等，项目总部设办公室、各职能部室及职工宿舍等。各种配套设施满足招标文件、业主要求。

（2）临时用水：生活用水和施工用水由沿线居住区、单位接入，每标段现场各配备2台8000L洒水车，用于施工用水运输及现场洒水养护、抑尘。

（3）临时用电：现场施工用电由现场高压线接入变压器，二环西沿线市政电力系统可考虑接入临时用电及生产生活用电，在各个施工面设置配电箱以便从线路接电，现场配备备用发电机用于用电高峰期或停电时使用。

（4）施工围挡：根据本工程现场条件，进场后沿施工范围红线全部采用标准统一硬质围挡封闭施工区域，将施工区域与生产生活区分隔开，做到文明施工。施工围挡喷涂统一标志，并在围挡外侧上设置夜间警示灯等设施。

（5）卫生设施：提前与当地医疗机构联络，构建和谐伙伴关系，保证施工现场人员的身体健康。

上述施工准备工作按计划完成后，按开工报告制度申请开工。

（二）建立施工的技术条件

1.编制详细的施工组织设计。

2.编制各分部工程的计划成本。

3.编制各分部工程的计划网络图。

4.编制各分部工程的材料、机械设备计划。

5.确定各种混合料实验配合比及生产配合比。

6.配备建设部及交通部颁布的设计规范、市政施工技术规范、质量验收评定标准，国家及有关部委颁发的标准、规范及规程。

（三）建立施工的物资条件

1.对材料市场进行调查、询价、订购、检验，并提前储备原材料。

2.调试砼拌合站、稳定土拌合站及沥青混凝土拌合站，组织现场机械设备的进场、安装和调试。

3.落实临时设施，包括临时办公室、临时料场、用水、用电、交通通信设施等。

（1）办公区设置钢制彩板房，主要作为项目部、项目分部临时办公以及会议室使用；

（2）生活区设置活动板房，供现场施工管理人员住宿；

（3）在施工现场设置机械停置场地。

4.落实临时用水、用电等。

5.落实钢筋、混凝土及其他工程用材料的供应能力。

（四）组织施工力量

落实劳务队伍，签订劳务合同。重点考查施工队伍资质，主要包括施工能力和技术水平两个方面，择优选择，并与之签订劳务合同、安全合同等。

（五）做好项目管理的基础工作

1.建立以责任制为核心的规章制度，包括以下几方面：

（1）岗位责任制。使人人有基本职责、明确的考核标准、明确的办事细则；

（2）经济管理规章制度。如内外合同制度、考勤、奖惩制度、领用料制度、仓库保管制度、内部计价及核算制度、财务制度等。

2.标准化工作，包括技术标准、技术规程和管理标准的制定、执行和管理工作。

3.制定各类技术经济定额。根据项目管理的实际情况，制定反映项目水平的劳动消耗定额，以便指导完成对施工队伍的管理。

4.进行技术经济调查：

（1）调查该地区的气象、水文、地质、地形等情况；

（2）调查地方材料市场及供应情况，如水泥、砂、石等地方材料的生产、质量、价格、供应条件等，同时必须了解材料供应季节性的特点，必要时提前储备；

（3）调查施工地区的交通运输条件，如现有交通运输设施条件以及可能为施工服务的能力大小等。

三、施工测量技术措施

（一）施工测量准备

由项目技术部专业测量人员成立测量小组，根据给定的坐标点和高程控制点进行工程定位、建立导线控制网。按规定程序检查验收，对施测组全体人员进行详细的图纸交底及方案交底，明确分工。所有施测的工作进度及逐日安排，由组长根据项目的总体进度计划进行安排。

1.严格执行测量规范；遵守先整体后局部，先控制后碎部的工作程序；确定平面控制网，以控制网为依据，进行各局部轴线的定位放线。

2.必须严格审核测量原始数据的准确性，坚持测量放线与计算同步校核的工作方法。

3.定位工作执行自检、互检,合格后再报检的工作制度。

4.测量方法要简捷,仪器使用要熟练,在满足工程需要的前提下,力争做到省工、省时、省费用。

5.明确为工程服务,按图施工,质量第一的宗旨。紧密配合施工,发扬团结协作、实事求是、认真负责的工作作风。

(二)测量工具仪器准备

配备经过国家有关计量部门鉴定合格的仪器设备。

每标段配备精度不低于1的全站仪4台;DS2水准仪12台。

(三)施工测量组织管理

为做到测量成果的准确无误,本工程测量工作坚持三级管理,配备测量经验丰富的技术人员和先进测量仪器。工区测量小组进行日常的施工放样工作;项目部测量队对工区测量小组工作进行检查、校核、监督和控制;公司精测队负责布置、测量加密控制点,复测导线控制点和水准点。在工程的各个施工阶段,严格执行测量多级复核制,并且所有上报的测量成果均须附有测量原始资料。

本项目设测量组,测量组设测量负责人1名,测量工程师1名,测量技术人员8名,以满足施工现场测量的需要。本工程施工测量控制监测工作,归项目技术部管理。

(四)控制测量

在施工前进行控制点的加密埋设和联测。在工程施工中,布设导线,采用复合导线进行控制测量,导线测量按导线测量技术相关规定要求施测,观测左角、测角中误差、两半测回差、角度闭合差、坐标相对闭合差符合技术规范要求,全站仪测边时,测距中误差±15mm,每站测四次,取其平均值,再取相邻两站(同一边)的平均值,作为该边的边长。

水准测量按四等水准测量技术要求进行,闭合差≤20mm(L为水准路线长,以km计)。测量成果及时上报监理,在得到监理工程师的批准签认后,方可作为今后施工和检测的依据。

导线点和水准点选在地势较高,通视条件好,方便安置仪器的牢固地方。导线联测时和相邻的导线闭合，并至少测过一个导线点和水准点，避免将来发生穿袖和错台。

（五）控制点复核测量

在施工前进行控制点复核测量，核对设计路线，补桩或加桩，使各项中线桩完整无缺，以便准确进行施工放样。施工测量按招标文件技术规范、施工图纸及相关规定执行。

依据路线平面图、直线、曲线及转角点一览表、护桩记录等进行核对查找。对整个工程场区地面平面控制网按精密导线网布设，对丢失的桩位应及时采取补测措施。补测转角点桩时，采用延长切线法，交出丢失的转角点桩，并打钉护桩保护。补测转点桩，采用正倒镜延长直线法重新补测。对施工时难以保留的桩，如加桩、曲线上各点桩，加钉护桩予以保护。加钉护桩的方法：护桩上标出相应的桩号和量出的距离，同时绘制草图并记入记录簿内，以备查用。

（六）水准点的复查与加设

对整个工程场区地面高程控制网按Ⅱ等加密水准网布设。复核交付的水准点，并进行水准点闭合，达到规范标准要求，超出允许误差范围时查明原因并及时更正。

施工水准测量在相邻两个高程控制点间，采用符合水准测量方法。临时设置水准点与设计水准点复测闭合，允许闭合差为±12mm，其中L为两控制点间距即水准线长度，以km计。临时水准点在道路施工范围采用200～300m设置一个。临时水准点的距离以测高不加转点为原则，平均取200m左右。临时设置的水准点设置坚固稳定，对跨年度或怀疑被移动的水准点应在复测校核后方可使用。

中线复测后，进行标平和中平测量，复核水准点一览表中原设水准基点标高和中线。

（七）桩点设置及拴桩

控制点采用钢筋砼桩，在砼桩顶面的铁板上标出点位位置。

为防止基准点在施工过程中遭受损坏，须对各主要基准点进行拴桩保护。万一基准点损坏，可通过拴桩点迅速恢复。

（八）地面高程控制测量

控制点采用钢筋砼桩，在砼桩顶面的铁板上标出点位位置。

对于施工时的高程控制测量，采用复核或增设水准基点，按二等水准测量要求把高程引测至红线内，并在红线内设置水准基点，且不能少于两个，通过红线内和地面上的水准基点对本工程道路、管线施工进行高程控制测量。

水准基点设在施工范围以外，便于观测和寻找的岩石或永久建筑物上，或设在埋入土中至少1m的木桩或混凝土桩上，其标高应与原水准基点相闭合，符合精度要求。

第二节 施工总进度计划及保证措施

一、施工总进度计划及网络进度计划

（一）施工总工期

按照招标文件及答疑文件要求。

某市政道路工程计划工期600日历天，开工日期：2016年8月30日，开工日期以甲方通知为准。

（二）工期计划安排

1.一段工期计划安排

本段施工环境复杂、工作量大。考虑到某市政道路工程一段地面道路与高架桥位置重叠且工期大致相同，相互干扰较大，并且答疑文件明确要求"应考虑高架桥对地面道路施工的影响"的情况，拟将本段划分为四个施工阶段进行施工安排，保证按照网络图计划按期完成施工总体任务。

2.二段工期计划安排

本段施工环境复杂、工作量大。根据设计图纸要求，结合现场实际情况编制施工总体计划，按照施工工序进行安排，总体按照"外环西路地面道路施工为主线，其他工程穿插进行"的原则进行施工安排，保证按照网络图计划按期完成，达到完成施工总体任务。

二、劳动力需求计划及保证措施

（一）劳动力计划安排

本段为道路管网施工，根据某市政道路工程工作内容及工程工期要求，计划开工后迅速展开各工作面的施工。根据清单工程量预算，预计使用99900工日，由于某市政道路工程的工程量大，需连续作业才能确保工程工期目标的顺利实现，结合某市政道路工程量及现场实际情况，该工程施工期间最高峰施工人员达到285人，平均每天167人。

（二）确保工期的劳动力保证措施

1.劳务队伍组织

（1）公司各种专业施工队伍齐全，劳动力充足，可随时进场。

（2）某市政道路工程所需的专业施工队伍安排公司常年施工队伍，有丰富的施工经验。

（3）目前各专业施工队伍已落实，考虑施工工期及交通等多种影响因素，公司已落实了后备的施工队伍，确保现场劳动力数量与质量。

（4）根据施工进度安排，制定劳动力需求计划，动态管理。根据需求计划合理调节劳动力，使劳动力持续满足工程要求。

（5）对劳务队伍实行承包责任制，根据承包合同的施工任务单，项目部与劳务队伍签订劳务合同，下达劳务承包责任状，明确施工任务内容和计划安排，明确劳务队伍的进度、质量、安全、节约、协作和文明施工要求，考核标准和作业队应得的报酬以及奖罚规定。

（6）对劳务队伍进行动态管理，项目部按计划分配施工任务，不断进行劳动力平衡，解决劳动力数量、工种、技术、能力、相互配合存在的矛盾。

2.民工工资发放的保障措施

某市政道路工程施工难度大、要求高。为保证工程工期、确保工程质量，应坚持"以人为本，构建和谐项目"的主导管理思想，制定民工工资发放保障措施，确保民工工资的"早发、安全、发足"，真正实现让民工"高高兴兴上班，高高兴兴服务于施工现场"，保护每一位民工的合法权益。

（1）组织措施：①成立民工工资清算领导机构，专门成立以项目部经理为组长的民工工资清算小组，全面负责民工工资的计量、发放工作；②建立民工工资发放监理检查机构，成立以公司经理为组长的监督检查小组，负责对民工工资发放的监督、检查等工作；③建立民工注册登记制度，建立民工实名登记制度，并定期摸底清查，按注册登记表为每位民工制作工资并发放，确保工资真正发放到每一位民工的手中，切实保证民工的合法权益。

（2）保障措施：①及时发放的保障措施，民工工资经项目部结算人员按注册登记人员逐月制作工资发放表，按工资表每月及时发放；②专项资金保障措施，设立相对独立的民工工资账户，专款专用，确保某市政道路工程民工工资的发放资金；③发放程序的保障措施，民工工资经项目部统计员核查签字，经施工队伍负责人认可签字后，直接发放到民工个人手中，避免中间环节，有力保障民工的合法权益；④民工工资发放公开透明保障措施，制作"民工工资发放明白卡"，上面贴有民工的照片，印有民工的工队、姓名、身份证号、工种，详细记录每月发放工资的时间、金额，民工领取工资时确认无误后在上面签字，以便公司定期对发放民工工资情况进行检查；⑤加大对施工队伍负责人的监控力度，A.设立民工举报箱，对接到的违法违纪事件进行严肃查处，坚决维护民工权益。B.监督施工配属队伍的负责人，对流动较快的民工，来不及建立民工个人结算账户的，由项目部统计人员监督施工队伍负责人进行民工工资发放；⑥实行民工工资调查制度。为了保证民工工资得到保障，单独开设民工调查小组，专门调查解决民工拖欠、纠纷等现象，一经发现严厉处罚，做到"工程清工资清"，决不拖欠民工一分钱；⑦加强与民工沟通，为民工设立绿色通道，民工有意见或事情可以直接找相关单位，并且为其大力解决难题；⑧民工工资发放的法律保障措施，采取"举证责任倒置"办法，即由用人单位负责举证，企业拿不出工资发放证据就视为欠薪，解决民工讨薪时"举证难"的问题，在目前民工讨薪难的大环境下，不失为一种方便民工的行政举措。

3.确保工期的农忙及节假日劳动力保证措施

该工程在施工进度安排时，与劳务人员提供方建立密切的协作关系，根据工程的特点、进度要求确定劳动力供应计划和轮换办法，并由项目部与劳务用工负责人之间签订劳动力保证合同，发放一定数量的节假日补助，确保工程所需劳力，保证施工。做好休假安排，非农业人口安排在非农忙季节休假，农业人口安排在农忙时休假。节假日采用调整轮休或补助的办法进行调剂。

（1）根据工程进度要求制定明确的劳动力使用计划，对节假日和寒冷季节人员以及紧张时期的劳动力数量、工种、技术素质等都做出细致准确的要求。

（2）劳动力的储备提前组织落实，根据历年工程施工规律，在劳动力紧张的时间段之前落实劳动力的保证情况，并根据保证情况进行一定数量的劳动力储备，保证工程正常使用。

（3）冬季加大取暖保温措施：按标准配备保温用品，如手套、棉被、火炉等。

三、材料供应保证措施

编制科学合理的总体施工进度计划，运用专业管理软件，对施工计划进行动态控制；并在总计划的基础上分解明确的月及旬计划，项目经理抓住主要矛盾，严格按计划安排组织施工，准确制定材料需求计划。定期检查施工计划的执行情况，及时对施工进度计划进行调整。在施工过程中，根据施工进展和各种因素的变化情况，不断优化施工方案，保证各工序的衔接，材料供应及时、有序。

具体措施如下：

1.按照总计划及主要材料进出场安排，由项目技术负责人提出计划，由现场专职材料调度人员根据实际工程进度，安排提前一旬或两旬将材料进场，保证工程顺利进行。

2.广泛联系材料供货单位，择优选择，多储备进货单位，确保货源充足。

3.工程设立单独的账号，做到专款专用，保证工程正常运行，每月由项目部根据工程进展情况，提前一个月提出资金使用计划，由总公司统一调度。

4.施工组织不断优化。以投标的施工组织进度和工期要求为依据，及时完善施工组织设计，落实施工方案，报监理工程师审批。根据施工情况变化，不断进行设计、优化，使工序衔接，并使材料进场安排有利于施工生产。

5.在材料消耗环节上，加强材料定额管理，明确经济责任，加强材料定期核算制度，通过提高各施工配属队伍积极性，减少材料损耗，降低工程造价。

四、其他保证措施

本合同段工程量大，项目部在组织上应有前瞻性，提前进行各方面准备，做好施工计划，合理安排人员、设备、材料的进场，做到打有备之仗，顺利完成任务。为确保工期目标的顺利实现，应制定以下保证措施。

（一）动态管理保证措施

1.保证合同工期并力争早完工是发挥投资效益、降低工程成本的有效途径，也是建设单位与施工企业的共同目标。为此在施工组织设计中，必须充分考虑工期的重要性，确定保证工期的关键线路，充分制定生产要素的配置和工序安排方案，在实施过程中，积极组织、动态管理，确保计划进度目标的实现。

2.在保证质量的前提下，为确保工期，在施工过程中必须做好督促检查施工准备、施工计划和工程合同的执行情况；检查和综合平衡劳动力、物资和机械设备的供应；及时发现施工过程中的各种故障和施工中的薄弱环节，及时予以协调和解决；检查和调整现场总平面管理；认真仔细地组织好班组之间各工序的衔接关系，确保工序质量，避免返工工序；定期组织调度会议，协调各部门、各班组之间的关系，保证工程进度计划完成。

3.充分做好施工前的各项准备工作，及时做好图纸会审及技术交底工作，提前做好人员资金和材料组织及机械设备的调配工作。

4.根据总施工工期的要求合理安排各分项工程项目的施工工期，并在实施过程中适时进行优化，对实际进度与计划进度进行比较和调整，保证计划进度的实施。

5.做好施工机械设备、原材料和劳动力保障工作，尽可能组织各分项工程采取平行流水作业，以便总工期的控制。

6.物资供应部门要根据施工现场实际需要提前组织资源，施工人员要提前报送物资需求进场计划，确保施工所需物资的及时供给。

7.现场的水电供应，拟就近接入当地现有供水供电系统的电源和水源。此外配备一定数量的储水设备、发电机（车）、水车和加油车，以满足特殊情况的应急需要。

8.做好后勤保障供应，做好劳力安全保护，做好施工机械的及时维护和检修工作，提高机械的使用率，确保工程施工的顺利进行。

9.做好特殊条件下施工的防备工作，保证该施工过程的连续性、均衡性和经济性。

10.提前做好指导性的试验工作，及时提供各种混合料的配合比通知单和各种材料使用前的检验报告，指导施工。此外还应及时配合监理工程师做好工程施工的验收试验工作，确保施工顺利进行。

11.做好工程施工过程的验收工作，现场施工人员要与监理工程师紧密配合，及时做好各工序的内业资料和验收交接工作，认真做好施工过程的质量管理，避免因质量问题造成返工而延误工期。

12.强化施工调度指挥与协调工作，超前布局谋势，密切监控落实，及时解决问题，避免搁置延误。重点项目或工序采取垂直管理、横向强制协调的强硬手段，减少中间环节，提高决策速度和工作效率。

（二）组织保证措施

1.按照比较成熟的项目法管理体制，实行项目经理责任制，实施项目法施工，对某市政道路工程行使计划、组织、指挥、协调、实施、监督六项基本职能，并选择成建制的、能打硬仗的、并施工过大型市政业绩的施工队伍组成作业层，承担本施工任务。

2.根据建设单位的使用要求及各工序施工周期，科学合理地组织施工，形成各分部分项工程在时间、空间上充分利用而紧凑搭接，打好交叉作业仗，缩短工程的施工工期。

3.建立施工工期全面质量管理领导小组，针对主要影响工期的工序进行动态管理，实行PDCA循环，找出影响工期的原因，决定对策，不断加快工程进度。

4.选派施工经验丰富、管理能力较强的同志担任某市政道路工程的项目经理，并直接驻现场抓技术、进度。技术力量和设备由公司统一调配，统一协调指挥现场工作。

5.选派具有丰富施工经验、技术力量雄厚的专业作业层参加该工程的施工任务，在建设及有关单位的密切配合下，对施工进度也有较大的促进作用。

6.加强对各专业作业队伍的管理培训、教育工作。有良好思想作风的队伍是提高工程质量、保证工期的关键。

（三）制度保证措施

建立生产例会制度，利用电脑动态管理。实行三周滚动计划，每星期至少两次工程例会，检查上一次例会以来的计划执行情况，布置下一次例会前的计划安排，对于拖延进度计划要求的工作内容找出原因，并及时采取有效措施保证计划完成。举行与监理建设、设计、质监等部门的联席办公会议，及时解决施工中出现的问题。

（四）计划保证措施

1.采用施工进度总计划与月、周计划相结合的各级网络计划，进行施工进度计划的控制与管理。在施工生产中抓主导工序、找关键矛盾、组织流水交叉、安排合理的施工程序，做好劳动组织调动和协调工作，通过施工网络切点控制目标的实现保证各控制点工期目标的达成，确保工期控制进度计划的实现。

2.倒排施工进度计划，编制总网络进度计划及各子项网络进度计划/月旬滚动计划及每日工作计划，每月工作计划必须24日前完成，以确保计划落实。

3.根据各自的工作，编制更为详尽的层、段施工进度计划，制订旬、月工作计划，以每一个小的段为单体进行组织，保证其按计划完成，以小段单体计划的落实，整体工程计划的顺利完成。

4.在确定工期总目标的前提下，分班组、分工种编制施工组织和方案，力求工程施工的科学性、规范性、专业性。

5.在开工前期应组织有关工种班组进行图纸预审工作，认真做好图纸会审方面的准备工作，把差错等消灭在施工前，对加快施工进度有相应的作用。

6.及时调整不合理因素，并对各专业施工班组落实质量、进度奖罚制度，强调系统性管理和综合管理；施工力量和技术力量由现场项目部统一调度，确保每一个施工组的施工进度，控制在计划工期内竣工。

7.为保证工期在计划内竣工，实现分项工程在时间上紧密配合，复式施工。

第三节 冬、雨季施工方案

根据招标文件提供的工程量清单，施工的项目主要为地面道路、桥涵、雨水管线、电力沟、专业管线施工等，施工中根据冬、雨季及农忙季节采取相应措施，保证工程质量及施工顺利进行。

一、冬季施工方案

（一）冬季施工准备

1.技术准备

（1）施工技术措施的制定必须以确保施工质量及生产安全为前提，具有一定的技术可靠性和经济合理性。

（2）制定的施工技术措施，应包括以下内容：施工部署，施工程序，施工方法，机具与材料调配计划，施工人员技术培训（测温人员、掺外加剂人员）与劳动力计划，保温材料与外加剂材料计划，操作要点，质量控制要点，检测项目等全面工作部署。

2.生产准备

根据制定的进度计划安排好施工任务及现场准备工作，如现场供水管道的保温防冻、砼结构的保温、场地的整平及临时道路的设置。

3.资源准备

根据制定的计划组织好外加剂材料、保温材料、施工仪表（测温计）、职工劳动保护用品等的准备工作。

（二）土方工程冬季施工措施

1.土方工程应尽量避开冬季施工，如需在冬季施工，应制定详尽的施工计划、合理的施工方案及切实可行的技术措施，同时组织好施工管理，争取在短时间内完成施工。

2.施工现场的道路要保持畅通，运输车辆及行驶道路均应增设必要的防滑措施。

3.在相邻建筑侧边开挖土方时，要采取对旧建筑物地基土免受冻害的措施。施工时，尽量做到快挖快填，以防止地基受冻。

4.基坑槽内应做好排水措施，防止产生积水造成由于土壁下部受多次冻融循环而形成塌方。

5.开挖好的基坑底部应采取必要的保温措施，如保留脚泥或铺设草袋。

6.土方回填前，应将基坑底部的冰雪及保温材料清理干净。

7.基坑或管沟不得使用含冻土块的土回填。回填采用人工回填时，每层铺土厚度不超过20cm，夯实厚度为10～15cm。

8.回填土工作应连续进行，防止基土或填土层受冻。

（三）道路工程冬季施工措施

1.道路路基冬季施工

（1）冬季填筑路堤，按横断面全宽平填，每层松铺厚度按正常施工减少20%～30%，且最大松铺厚度不得超过30cm。压实度不得低于正常施工时的要求。当天填的土必须当天完成碾压。

（2）当路堤高于路床底面1m时，碾压密实后停止填筑。

（3）挖填方交界处，填土低于1m的路堤都不在冬季填筑。

（4）冬季施工取土坑远离填方坡脚。如条件限制需在路堤附近取土时，取土坑内侧到填方坡脚的距离不得小于正常施工护坡道的1.5倍。

2.道路基层冬季施工

（1）二灰碎石基层、水泥稳定碎石基层严格控制最佳含水量，碾压后及时采取保温措施，避免发生冻害。水泥稳定碎石可用掺盐的水搅拌，当气温在0℃至-3℃时（指三天内预期最低温度）应掺2%（按水重百分比）工业用盐。

（2）道路基层在第一次重冰冻（-5℃～-3℃）到来之前一个月停止施工，以保证其在达到设计强度之前不受冻。在基层施工完成后，立即采用塑料薄膜加毛毡布或棉被进行覆盖保温。完成的路基层采用30cm封层土进行覆盖养护，以保证路面基层不受冻。

3.沥青砼路面冬季施工保证措施

施工温度在5℃以下或冬季气温虽在5℃以上，且有4级以上大风时按冬季施工处理。

（1）提高混合料的出厂、摊铺和碾压温度，使其符合低温施工要求。

（2）运输沥青混合料的车辆有严密覆盖设备保温。

（3）采用高密度的摊铺机、熨平板及其接触热混合料的机械工具要经常加热，现场准备好挡风、加热、保温工具和设备等。

（4）卸料后用毡布等及时覆盖保温。

（5）摊铺时间在上午9时至下午4时进行，做到三快两及时（快卸料、快摊铺、快搂平、及时找细、及时碾压）。一般摊铺速度掌握在一分钟一吨料。

（6）接茬处采取直茬热接。在混合料摊铺前必须保持底层清洁干净且干燥无冰雪。并用喷灯将接缝处加热至60℃~75℃，摊铺沥青混合料后，用热夯机夯实、热烙铁烫平，并用压路机沿缝加强碾压。

（7）碾压次序为先重后轻、重碾先压。先用重碾快速碾压，重轮（主动轮）在前，再用两轮轻碾消灭轮迹。

（8）施工与拌和站密切配合，做到定量定时，严密组织生产，及时集中供料，以减少过多接缝。

（9）乳化沥青及碎石混合料施工的所有工序，包括路面成型及铺筑上封层等，均在冰冻前完成。

（10）对透层、粘层与封层的施工气温不得低于10℃。

此项施工各环节必须连续进行，中间不得间断。

（四）桥涵及构筑物冬季施工措施

1.拌和站冬季施工管理及安排

（1）拌合站冬季管理

冬季期间，在砼拌和站设1台2t柴油蒸汽锅炉，对拌和用水进行加热，拌用砂石料采用大棚封闭保温。安排专人对拌和设备进行保养、维修。拌和站所用原材料专人严格把关，原材料各项指标符合规范要求。水泥仓及砼运输车辆采用保温被包裹保温。搅拌时按砂石、水、水泥的顺序进行，以免出现假凝现象，使成品砼有一定的初始温度，满足砼冬季施工的要求；拌和时间比常温时加长搅拌时间50%；尽量缩短砼运输时间，确保砼入模温度。

（2）冬季砼配合比设计

冬季施工用砼的配合比严格按照规范要求进行配制。各种外加剂符合现行国家标准《混凝土外加剂》的规定。

（3）砼冬季施工措施及安排

冬季施工现场安设2台普通锅炉，对现场砼工程（墩柱、箱梁）进行加热养生。

2.混凝土的拌制

（1）拌制混凝土用的骨料必须清洁，不得含有冰雪和冻块，易冻裂的物质在掺有含钾、钠离子的外加剂时，不得使用活性骨料。条件运行情况下，砂石筛洗应抢在零上温度时做，并用塑料纸、油布盖好。

（2）拌制掺外加剂的混凝土时，如外加剂为粉剂，可按要求掺量直接撒在水泥上面和水泥同时投入。如外加剂为液体，使用时应先配制成规定浓度溶液，然后根据使用要求，用规定浓度溶液配制成施工溶液。各溶液要分别置于有明显标志的容器中，不得混淆。每班使用的外加剂溶液应一次配成。

（3）当施工期处于0℃左右时，可在混凝土中添加早强剂，掺量应符合使用要求及规定，且应注意在添加前做好模拟试验，以核实有关技术措施；对于有限期拆模要求的混凝土，还应适当提高混凝土设计等级。

（4）混凝土中添加防冻剂时，严禁使用高铝水泥。

（5）严格控制混凝土水灰比，由骨料带入的水分及外加剂溶液中的水分均应从拌合水中扣除。

（6）搅拌掺有外加剂的混凝土时，搅拌时间应取常温搅拌时间的1.5倍。

（7）混凝土拌合物的出机温度不宜低于10℃，入模温度不得低于5℃。

3.混凝土的浇筑

（1）混凝土搅拌场地应尽量靠近施工地点，以减少材料运输过程中的热量损失，同时也应正确选择运输用的容器（包括形状、大小、保温措施）。

（2）灌注桩冬季浇筑。桩基础的轴线引出的距离应适当增加，以免在打桩时受冻土硬壳层的影响，水准点的数量不少于两个。

冬季灌注桩桩基砼的浇筑与常温下相同。砼入模前安排专人测量砼温度，砼温度控制在10℃以上，并尽量缩短浇筑时间。

（3）墩柱（台）、挡墙冬季浇筑。混凝土浇筑前，应清除模板和钢筋上，特别是新老混凝土（如承台、箱梁大体积砼分层浇筑处）交接处的冰雪及垃圾。

当采用商品混凝土时，在浇筑前，应了解商品混凝土中掺入抗冻剂的性能，并做好相应的防冻保暖措施。

分层浇筑混凝土时，已浇筑层在未被上一层的混凝土覆盖前，不应低于计算规定的温度，也不得低于2℃。

上部结构要连续施工的工程，混凝土应采取有效措施，保证预期所要达到的强度。

现场应留设同条件养护的混凝土试块作为拆模依据，冬季墩柱（台）、挡墙浇筑时，拆模后及时采用两层塑料布及棉被包裹养生。浇筑用的砼掺用引气型外加剂，以提高砼的抗冻性。尽量缩短砼运输时间，砼运输车用防寒被包裹。砼入模前安排专人测量砼温度，砼温度控制在10℃以上，并在保证质量的前提下尽量缩短浇筑时间。当气温较低时，现场搭设暖棚，在暖棚中进行浇筑及养生。当砼已达到设计要求的抗冻强度和拆模强度后，方可拆除模板，加热养护结构的模板和保温层，在砼冷却至5℃以后方可拆除，拆除后的砼表面应覆盖，使其缓慢冷却。

4.冷接茬部位的预热

在负温度下旧砼接浇新砼时，如果预热不好，易在接头处产生水膜，降低接头砼的强度。新旧砼接触面温差过大，温度应力作用会造成新浇筑砼开裂，所以对旧砼必须采取预热升温措施，采用蒸汽排管加热，确保接头处砼温度不低于5℃，加热深度不低于30cm，预热长度控制在1m左右。

5.砼养生

（1）梁体养生。冬季梁体养生在暖棚内进行，暖棚用帆布或质量好的彩条布搭设，搭设暖棚时注意接头处的搭接长度，保证暖棚不漏风，达到保温效果。表面采用底层塑料布覆盖保水，上面覆盖棉被保温。砼浇筑完毕后立即覆盖塑料布和防寒棉被，养生棚内的温度控制在10℃以上，不允许高于50℃。当外部气温大于0℃时，暖棚内用火炉烧开水养生。

在砼养生过程中，如果下道工序施工必须临时开棚时，可在保证棚内正温和棚外温差不大于25℃的前提下，选在当天气温较高的10℃～14℃时进行，但尽量减少开棚次数和时间。

（2）砼试件养生。由于暖棚内各部温差较大，加之砼与环境气温不同，所以常规试件很难代表构件本身的强度。因此应多制作试件，分置于各部有利部位进行养生，用于确定张拉时间。确定张拉时间时参考放置在顶板上的试件强度。

（3）降温、砼强度达到设计要求进行张拉、压浆，并且压浆强度达到要求时即可停止养生。棚内开始降温，但禁止温度骤然下降，降温速度不大于100℃/h，且第一个24小时内降温速度不超过每小时1℃，使砼温度逐渐降至外部温度。

砼养生过程中，应安排专人负责温度测试，若发现温度变化异常，立即向技术负责人汇报，以便及时采取措施，避免发生质量事故。

6.钢筋工程冬季施工

（1）钢筋负温冷拉时，可采用控制应力法或控制冷拉率方法。在负温条件下采用控制应力方法冷拉钢筋时，由于伸长率随温度降低而减少，如控制应力不变，则伸长率不足，钢筋强度将达不到设计要求，因此在负温下冷拉的控制应力应较常温提高。

（2）钢筋焊接时尽量选择白天中午气温较高时完成，并在现场焊接施工地点设置挡风防护设施。焊后未冷却的接头，严禁碰到冰雪。

（3）当温度低于-20℃时，严禁对低合金Ⅱ、Ⅲ级钢筋进行冷弯操作，以避免在钢筋弯点处发生强化，造成钢筋脆断。

（五）管线工程冬季施工措施

1.雨水管道施工：由于管道采用砂石基础，冬期施工时，砂石基础应用岩棉被覆盖，用以保温防冻。

2.各种管道开挖后及时清槽，并及时用草帘或岩棉被覆盖，用以保温防冻。冬季施工开槽后用保温材料覆盖，管道不得安放在冻结的地基上；管道安装过程中，防止地基冻胀。

3.接口材料随拌随用，填充打实抹平后，应及时覆盖保温养护。

4.沟槽回填应清理干净沟槽中的杂物及积雪，严禁回填冻土，严禁水浸水泡，严格分层夯实。

（六）砌体工程冬季施工措施

1.砌体工程的冬季施工方法。以外加剂法为主。将砂浆的拌合水预先加热，使砂浆经过搅拌、运输，于砌筑时具有5℃以上正温。在拌合水中掺入氯盐或氯化钙，砂浆砌筑后可以在负温条件下硬化，因此不必采取防止砌体沉降变形的措施。但由于氯盐对钢材的腐蚀作用，在砌体中埋设的钢筋及钢预埋件，应预先做好防腐处理。

2.对材料的要求：①砌体在砌筑前，应将材料表面污物、冰雪等清除，遭水浸后冻结的砌块不得使用；②砂浆宜优先采用普通硅酸盐水泥拌制；③拌制砂浆所用的砂，不得含有直径大于1cm的冻结块和冰块；④拌合砂浆时，水的温度不得超过80℃，砂的温度不得超过40℃。当水温超过规定时，应将水、砂先行搅拌，再加水泥，以防出现假凝现象；⑤冬季砌筑砂浆的稠度，宜比常温施工时适当增加。

3.砂浆在搅拌、运输和砌筑过程中的热损失，见表2-1。

表2-1 砂浆搅拌时之热量损失表（℃）

搅拌机搅拌时之温度	10	15	20	25	30	35	40
搅拌时之热损失（设周围温度+5℃）	2.0	2.5	3.0	3.5	4.0	4.5	5.0

4.冬季搅拌砂浆的时间应适当延长，一般要比常温期增加0.5~1倍。

5.采取以下措施减少砂浆的搅拌、运输、存放过程中的热量损失。①砂浆的搅拌应在采暖的房间或保温棚内进行，冬季施工砂浆要随拌随运（直接倾入运输车内），不可积存和二次倒运；②在安排冬季施工方案时，应把缩短运距作为搅拌站设置的重要因素之一考虑，搅拌地点应尽量靠近施工现场；③保温槽和运输车应及时清理，每日下班后用热水清洗，以免冻结。

6.严禁使用已遭冻结的砂浆，不准单以热水掺入冻结砂浆内重新搅拌使用，也不宜在砌筑时向砂浆内掺水使用。

7.如基土为冻胀性土时，应在未冻的地基上砌筑基础，且在施工及完工后，均应防止地基遭受冻结，已冻结的地基需开冻后方可砌筑。

8.每天收工前，应将顶面的垂直灰缝填满，同时在砌体表面覆盖保温材料（如草袋，塑料薄膜等）。

9.冬季砌筑工程要加强质量控制。在施工现场留置的砂浆试块，除按常温规定要求外，尚应增设不少于两组与砌体同条件养护试块，分别用于检验各龄期强度和转入常温28d的砂浆强度。

（七）工程机械冬季施工安全措施

由于某市政道路工程跨越冬季，工程机械冬季施工安全不容忽视。为工程施工正常进行提供可靠有力的保障，做好以下几个方面工作非常重要。

1.搅拌机等机电设备应设工作棚，棚应具有防雪、防风功能。

2.运输车辆在泥泞、冰雪道路上行驶时，应降低车速，宜沿前车辙前进，必要时加装防滑链。当水温未达到70℃时，不得高速行驶。行驶中变速时应逐级增减，正确使用离合器，不得强推硬拉，使齿轮撞击发响。前进和后退交替时，应待车停稳后方可换挡。启动后，应观察各仪表指示值、检查内燃机运转情况、测试转向机构及制动器等性能，确认正常并待水温达到40℃以上、制动气压达到安全压力以上时，方可低挡起步。起步前，车旁及车下应无障碍物及人员。

3.要根据当地的最低气温选择燃油和润滑油。如最低气温在−10℃以上，可选负10号柴油，低于−10℃时应选更高标号的柴油，避免因低温造成发动机供油不良。同时，机油也要按设备要求换冬季专用油。因冬季气温低，液压油黏度加大，液压泵吸油负压增大，所以也要选用规定型号的液压油。

4.对发动机来说，低温下启动时因机油黏度大，会造成润滑油短时内不足、不能遍布各润滑点。所以，发动机启动后要怠速运转一段时间，待水温上来后再加负荷。液压系统预热也是如此，温度过低，液压油黏度大，使吸油困难，泵油量不足。同时因液压件润滑也是依靠液压油，因泵油量不足，润滑不良，会大大影响泵和马达的寿命，所以启动发动机后，应先不加负荷使各液压部件运转几次，确保各个液压元件都有液压油经过，避免因控制阀发生卡滞造成施工事故。

5.气温降低，设备油缸、液压管接头等处密封件会裂化收缩造成密封不严出现泄漏，各传动连接件、螺栓也会受低温影响造成强度、刚度下降。所以要加强检查，及时发现问题，消除隐患。同时也要加强保养工作，黄油要及时补充。对于水冷发动机，及时换好防冻液，避免冻裂机体、冷却器的事故发生。每天开工前和收工后要严格检查，避免人为事故的发生，确保设备正常运转，保证冬季施工的正常进行。

（八）冬季施工安全应急措施

1.冬季施工安全措施

（1）进入基坑、沟槽和在边坡上施工时应检查边坡土壁稳定状况，设攀登设施，在施工过程中应随时检查，确认安全。施工现场应划定作业区，非作业人员不得入内。

（2）以下几种情况是土方施工中常见的危害安全生产的情况，在施工中出现下列情况之一时应立即停工，必要时可将机械撤离至安全地带，待符合作业安全条件时，方可继续施工。①填挖区土体不稳定，有发生坍塌危险时；②地面涌水冒泥，出现陷车或因雨发生坡道打滑时；③工作面净空不足以保证安全作业时；④施工标志、防护设施损毁失效时。

2.冬季施工应急措施

（1）防止坍塌事故

各类沟道工程，在基坑、沟槽施工时，必须严格按照施工规范规定的放坡系数放坡。坑槽边1.5m范围内严禁堆土及建筑材料。施工现场不具备放坡条件时，必须编制支护方案并采取有效可靠的支护措施，人工开挖基槽（坑）冻土时，严禁在冻土层下进行掏洞开挖。搭设临建工程时，必须基础夯实，不得干码砖墙。在沟槽基坑边搭设工棚及宿舍等应细致观察，采取加固和支护措施，以防冻土溶化后产生不均匀沉降。

（2）防止滑倒摔伤

要对各类脚手架进行全面检查和加固，脚手架外侧必须设防护栏杆和踢脚板并按标准进行立体防护，无论是立网还是水平网均应严密、牢固。脚手架斜道、平台、作业层、通行道路上的霜冻、结冰、积雪，应指定专人随时清除，并铺设防滑草袋、撒炉灰、钉防滑条。

（3）防止火灾事故

冬季风大干燥，火源增多容易失火，工地要严加控制火源，加强用火管理，建立健全用火审批制度。无论生产和生活用火都应专人管理，炉旁不准堆放易燃易爆物品，炉火看管人员要坚守岗位，不准擅离职守。烟筒出口应安装弯头或火星遮盖器；烟筒与屋顶衔接处应有适当空隙或用石棉板等防火材料加以隔离；对电焊等工种的工人要进行专门的防火安全教育，制定并严格执行防火公约；要教育吸烟职工养成不乱扔烟头的习惯，提高职工防火意识。

工地（包括办公室、民工宿舍等）的消防设备必须齐全，消防道路要通畅，消防水源、水桶、水栓等应有保温措施，以防冻结影响使用。

（4）防止烫伤或灼伤事故

冬季施工的各种热源应严加防护。蒸汽管道和开关阀门的安装应牢固紧密，不得漏气；蒸汽加热的料槽应有良好的隔热措施，操作人员应戴防烫手套。盛放热水的桶、锅等容器应加盖防护；蒸汽大、视线不清时，不得进入暖棚内工作。热水运输和物料加热也应采取防烫隔热措施。

（5）防止中毒事故

冬季施工所用的抗冻早强剂种类较多，这些化学添加剂多数对人体有害，特别是亚硝酸钠类似食盐。因此使用单位一定要对职工加强饮食卫生教育，制定严格的亚硝酸钠等有毒物品运输、存放、保管制度。无论生产或生活取暖炉等必须严密不漏气，要使用带烟筒的密闭合格火炉，严禁使用无烟筒的简易取暖炉或者火盒。作业人员每间隔1~2小时应到室外呼吸一次新鲜空气，以防一氧化碳中毒。对职工宿舍或家属住宅的取暖炉必须经常检查，室内要安装风斗，保持室内空气流畅，每晚入睡前应检查炉盖是否盖严，烟筒是否漏烟，发现问题及时解决，以防煤气中毒。

（6）防止冻伤事故

冬季露天作业区应设风墙，在工作区域附近搭设取暖棚，对露天作业的工人应按规定发放防寒服、棉鞋、棉手套，并供给防冻伤膏等。一旦有人冻伤，应将冻损部位浸泡在38℃~43℃温水中复温，注意不要感染，必要时及时送医院治疗。冬季施工所需的施工设备，特别是垂直运输设备要增加检查和保养次数，要特别注意保护制动装置和安全装置的灵敏度。

（7）防止触电事故

对冬季施工的职工进行安全用电教育，采用电加热施工或养护时，由专业电工安装、检修，并派电气工程师指导，要在电热施工区域设围栏和警示标志，除测温和电器操作人员外，其他人员一律不准进入电热施工区域。施工现场的电动机械必须有良好的接地接零保护；小型手持移动工具应安装漏电保护器，操作人员必须佩戴绝缘用具；室内、暖棚等潮湿作业场所的照明一律采用12伏安全电压；各种电源必须绝缘良好，照明设备不准缠在金属物上，电器设备安装必须符合规范要求。

二、雨季施工方案

（一）雨季施工组织

1.项目部抽调力量组成防汛指挥小组，由项目经理亲自挂帅，统一调度，汛期和暴风雨季期间组织昼夜值班，密切注意天气预报和台风暴雨警告，降雨后及时采取措施，减少对施工的影响。

2.安排专人负责收听天气预报，了解天气动向，做到未雨绸缪，早做安排，及时掌握天气变化情况，避免恶劣天气施工。

3.定期检查各类防雨设施，发现问题及时解决，并做好记录，应特别做好汛前和暴风雨来临之前的检查工作。

（二）物资保证

1.工程经历雨季，须抽调专门资金用于防汛物资的准备，保证施工中的安全。

2.施工现场配备足够的抽水设备及救生物品，对施工队伍进行专门的防汛安全教育。

3.物资准备：雨季施工所需要的各种物资、材料都要有一定的库存量，尤其是一些外加剂、水泥等库房要做好保管与防潮工作，确保雨季的物资供应。

（三）雨季施工安排

市政道路工程施工期如果经过雨季，为确保工程质量，将不利损失降至最小，应制定雨季施工及防汛技术措施。

1.坚持每天收听天气预报，关注天气情况的变化，合理安排施工。

2.配备足够的防雨用具。防止连续作业人员遭受雨淋，影响健康。

3.雨季施工不宜靠房屋墙壁堆土，严禁靠危险墙堆土。

4.雨季挖槽，应采取如下措施。①沟槽四周应堆集土梗，如下料口等；②在向槽一侧的边坡，应铲平压实，避免雨水冲刷。雨季，应汇集雨水引向槽边。应在30m左右放一泄水口，有计划地将雨水引入槽外。

5.雨季施工应充分考虑由于挖槽和堆土而破坏天然排水系统，如何排出地面雨水的问题。根据需要，应重新规划排水出路，防止雨水浸泡路基。

6.在砼浇筑时，尽量避开雨天，如实在无法避开，宜搭设钢管架雨篷，确保顺利施工。

7.路基工程要贯彻预防为主的方针，在计划安排上要做到两个优先：对因雨易翻浆的地段优先施工，对低洼地等不利地段优先施工。坚持"三完、两及时"的施工方法，即当天挖完、填完、压完，遇雨及时检查、雨后及时检查。发现翻浆、软土要全部挖出处理，一般采用石灰或沙石材料处理。

（四）雨季施工措施

1.雨季施工准备措施

（1）搜集、整理降雨分部情况，拟定科学合理的雨季施工方案和雨季施工应急预案。

（2）根据施工区内的水流汇集及排水情况，提前疏通排水沟渠，在雨季中派专人进行维护，保证施工区内的排水通畅。

（3）根据工程场地特点，合理布置施工现场，修建排水沟，保证雨后场区内不积水、渍水。现场机械设备按规定配备必要的防护棚。

（4）施工现场配备足够的水泵、棚布、塑料薄膜等防雨用品，保证暴雨后能在较短时间内排出积水。

（5）水泥等防潮防雨材料应架空，仓库屋面防水防漏。堆放钢筋时，采用枕木、地垄等架高，防止沾泥、生锈。

2.土石方雨季施工措施

（1）在路堑段，两侧斜坡上设置截水沟和排水沟，及时将山坡的雨水引走，防止冲刷道路边坡。

（2）避免雨天进行路槽开挖工作，道路路基被水浸泡后，未晒干前禁止机动车辆行使，对翻浆部分全部挖除换填。

3.道路工程雨季施工措施

（1）路基工程雨季施工措施：①雨季安排施工计划，集中劳力分段突击，完成一段再开挖一段，不得在全线大挖大填；②填土地段或取土坑，按原地面排水系统做好临时排水沟，排水沟接入原雨水检查井内，使施工地段及时排出积水，以使施工运输及取得较好的土壤；③填土时留出3%以上的横坡，每日收工前或预报有雨时，将已填土地段碾压，保持平整，防止其表面积水；④雨后禁止机动车辆在未晒干的路基上行驶；⑤若道路路基被水浸泡后翻浆，对翻浆部分要全部挖除，并按照设计要求进行换填；⑥备料要堆成大堆，料堆四周挖排水沟；⑦要集中力量摊铺便于及时碾压。摊铺后的基层料，须在当日成活。雨季来不及成活时，须碾压1～2遍，未压部分用防雨布或其他物覆盖；⑧摊铺长度适当缩短，以便能迅速碾压成活。

（2）路面工程雨季施工措施：①道路面层施工时，尽量避开雷雨天气。施工时必须分好段落，集中力量，重点突击，尽量缩短施工时间。备足防雨篷布，以备雨来时能覆盖好原材料及未成型路段；②加强工地现场与拌和站之间的联系，发现天气即将有变时放慢拌料速度，做到随摊铺随碾压；③运输车和工地备足防雨设施，做好路肩的排水；④沥青路面不允许在下雨时进行施工，一般应在雨季到来以前半个月结束施工。进入雨季施工时，必须采取如下防雨措施。A.注意气象预报，加强工地现场与沥青拌和厂的联系；B.现场应尽量缩短施工路段，各工序要紧凑衔接；C.汽车和工地应备有防雨设施，做好基层及路肩的排水措施；D.下雨、基层或多层式面层的下层潮湿时，均不得摊铺沥青混合料；E.对未经压实即遭雨淋的沥青混合料，应全部清除，更换新料。

4.雨水管线雨季施工措施

（1）雨天尽可能不安排沟槽开挖或回填，若必须施工时采用小范围作业，并及时覆盖防雨用品，大雨时不安排施工。

（2）沟槽验收完毕后，及时进行管道基础及管沟垫层施工，避免基底被雨水浸泡。

（3）沟底管道两侧设排水沟，并在一定的距离设置集水坑以便抽水，槽顶两侧根据现场情况设置截水沟。

（3）沟槽浸泡后，应及时排出积水，沟槽晾干后方可进行下一工序施工。砌检查井用的砖要集中堆放，雨天要及时覆盖。雨天砂浆在储存和运输过程中要覆盖。收工时井壁上用草帘覆盖，以免雨水将砂浆冲掉。

（4）回填沟槽土方时，对当日不能填筑的填料应大堆存放，以防雨水浸冲，取土坑应做好临时排水设施，避免取土范围积水。

5.桥涵雨季施工措施

（1）在雨季来临前箱梁完成卸架，满足河道泄洪要求。

（2）合理安排施工工期，在雨季到来之前完成桥涵下部工程的施工，及时拆除围堰，增强泄洪能力。

（3）在桥涵施工现场四周挖好排水沟，在迎水面挖好排洪设施。

（4）雨天作业必须派专人看护基坑，对于未能填土的基坑做好排水及支护工作。在基坑顶两侧做好截水导流沟，将地面水引走，防止进入基坑内。注意监测支护体系的稳定情况，存在险情处在未采取可靠安全措施之前禁止作业。

（5）桥涵基坑施工现场备足抽水设备，降雨后立即清除排水，并尽快晾晒，及早恢复生产。

（6）钢筋工程雨季施工措施：①现场钢筋堆放应垫高，以防钢筋泡水锈蚀；②雨天时如必须进行钢筋焊接，应在防雨棚内进行；③钢筋加工区域内的施工机械，用石棉瓦和塑料薄膜覆盖，雨天不得露天作业，以防触电；④钢筋绑扎时，施工人员的鞋底冲洗干净，方可在钢筋网上作业。不可将泥沙带入现场模板内，影响施工质量；⑤钢筋电渣压力焊不能在雨天进行，如工程要求在雨天进行，施工时要采取遮雨措施。下雨前钢筋用塑料布或苫布覆盖，雨后及时晾晒通风，减少钢筋锈蚀。

（7）模板支架工程雨季施工措施：①方木、面板等怕湿怕潮材料应及时入库，防止受潮变形；②入模后如不能及时浇筑混凝土，应在已支设的模板采取遮雨措施，应设置排水口，防止模板内积水；③雷雨天气严禁进行支架的搭设作业，亦不可在支架上施工；④模板在大雨过后要重新涂刷脱模剂。

（8）混凝土工程雨季施工措施：①下雨天不宜露天浇筑混凝土，在安排生产之前应了解天气预报，避免因为下雨影响浇筑工作；②施工时要有一定数量的遮雨材料（雨布、塑料薄膜等），雨量过大应暂停户外施工。特别是砼浇捣，如一定要浇捣，则须搭设防雨棚，并及时遮盖砼表面，雨过后应及时做好面层的处理工作；③小雨天气浇筑混凝土时，进行浇筑前要将模板内的积水清理干净；④浇筑混凝土过程中突遇大雨，要留好施工缝；⑤混凝土浇筑遇雨时，适当调整配比中含水率，防止混凝土出现离析现象。浇筑完成部分及时覆盖，保证砼质量；⑥承台、桥墩砼初凝前，应采取防雨措施，用塑料薄膜保护。

（9）桥面铺装、桥头搭板及人行道施工时要避开雨天。施工中遇到雨天时，架设棚盖以防雨淋，保证护栏外观质量和桥面铺装的质量。

（10）遇到较大降雨时，将河道中的所有机械全部移至岸上地势较高处，以防止出现意外。

（11）下雨天气严禁高空作业，雨停后立即组织人员清扫高架桥上临时通道以及作业面及积水，迅速恢复施工。

（五）施工期雨季及排水措施

在施工期间，应充分估计到雨季带来的危害，积极采取措施，做好防汛抢险准备，把危害减少到最低程度。

1.项目经理任组长，指定专人负责每天收听天气预报，观察水位情况，做好详细记录。与当地的水文、气象部门保持密切联系，随时掌握准确、及时的水文和气象情况，对暴雨、洪水的袭击作出正确的分析、判断，提前做好各项防范准备。

2.查阅以往汛期水文资料，分析汛期特点，了解河流分布，配备足够排水设备，迅速有效进行排水。

3.应提前准备足够汛期抢险设备，以备紧急时刻使用。

4.组建一支强有力的抢险队伍，落实机械设备及人员，随时做好一切应急准备，确保施工的顺利进行。加强施工人员防汛抢险意识，增强自我保护能力，树立安全第一的思想。

5.派遣人员在工程沿线24小时轮流值班，修复被损坏部分，总结经验教训，做好汛期的抢险准备，发现险情，及时抢险，尽可能地将险情立即排除。

6.汛后迅速组织清理，清查水淹损失，尽快恢复生产。

第四节 施工期间交通组织方案

以某高速三期工程为例，阐述施工期间交通组织方案。

一、交通组织的总体指导思想

1.某市政道路工程施工展开后，新建地面道路施工、管线施工给道路沿线单位、商铺和居民出行带来不便，同时也影响到其他社会车辆通行，因此施工期间要充分做好交通疏导工作。

2.积极与交管部门联系，共同协商交通分流方案，既要满足施工要求又要满足施工段的交通流量要求，维护现场原有的交通设施，接受交通管理等有关部门的管理指挥。

3.交通疏导的总体指导思想是，工程施工过程中采用封闭施工，社会车辆绕行、施工车辆及驻地车辆、行人按疏导方案通行。当现场施工与交通有矛盾时，应积极配合交警疏导交通。

4.施工期间实施开设路口、改变车道位置等方案前均需认真做好交通方案。为方便沿线居民出行，应设置安全便道，施工中产生的沟槽处设置防护设施和安全警示标志及夜间警示灯。

5.某市政道路工程地面道路施工与高架桥施工（已单独组织招标）相互干扰较大，须积极配合高架桥施工单位，采取措施保证周边道路不中断和安全通行。

二、施工过程的交通组织方案

（一）成立交通疏导领导小组

某市政道路工程在施工期间成立交通疏导领导小组，负责协调各管理部门，解决好交通疏导与交通安全问题。领导小组由项目经理任组长，技术负责人任副组长，确保交通疏导安全、顺利地进行。

交通疏导领导小组主要成员及职责如下。

组长：项目经理，总协调、总负责。

副组长：项目技术负责人，负责交通组织方案的编制、报审，监督检查交通组织方案的现场执行。

副组长：项目副经理，负责交通组织方案的落实，按批复的交通组织方案摆放交通标志、搭设施工围挡、路向指示标志、照明装置和警示装置，实施交通疏导方案。

交通协管员和安全员：负责日常交通安全事务检查、监督和管理。

（二）交通组织策划

1.一段交通组织策划

为确保施工的顺利进行，同时确保两侧居民、单位车辆的正常出入，采取分段半封闭施工的整体思路。半封闭施工期间的交通为区域内交通，驻地车辆双向通行，就近交叉路口进行分流。

一段根据外环西路地面道路与现状路相交情况制定交通方案，其中北段有现状路段可作为过往行人及车辆通行道路，中部及南段无现状路段仅做施工便道，不对外部行人及车辆开放。

2.二段交通组织策划

二段全线无现状路，进场后在地面道路处修筑施工便道，作为高架桥施工便道；高架桥施工完毕后，地面道路管网分幅施工。考虑到某市政道路工程沿线无现状道路，因此施工便道不对外部行人及车辆开放。

（三）施工段各施工阶段交通组织

1.一段施工段各施工阶段交通组织

考虑到某市政道路工程一段地面道路与高架桥位置重叠且工期大致相同，相互干扰较大，并且答疑文件明确要求"应考虑高架桥对地面道路施工的影响"的情况，拟将本段划分为4个施工阶段：道路土石方及挡墙施工阶段、高架桥上部结构施工阶段、地面道路及管线施工阶段、沥青砼面层及附属施工阶段。具体交通组织如下。

（1）道路土石方施工阶段交通组织。外环西路K7+800~K8+100段地面道路与现状路重叠，可利用现状路作为施工便道，在现状路两侧进行路基土石方填筑施工。

（2）高架桥上部结构施工阶段交通组织。桥梁上部结构施工时，因无施工工作面，停止地面道路施工，配合高架桥施工单位做好交通组织工作。

（3）地面道路及管线施工阶段交通组织。高架桥上部结构施工完毕支架拆除后，进行地面道路及管线施工。地面道路及管线施工采取分幅施工，即先进行西半幅地面道路及管线施工，后进行东半幅地面道路施工。①首先进行西半幅原水、燃气管线施工，然后进行西半幅道路结构层施工，此时利用东半幅快车道作为施工便道；②西半幅沥青砼中下面层施工完毕并进行交通改线，利用西半幅新建道路作为施工便道，进行东半幅道路结构层施工。

（4）沥青砼面层及附属施工阶段交通组织。天气回暖后，利用西半幅新建道路作为施工便道，首先进行东半幅沥青砼中下面层施工；然后统一进行全线沥青砼上面层施工；最后进行边坡防护施工。

2.二段施工段各施工阶段交通组织

考虑到某市政道路工程二段外环西路与文德路相距较远，两个施工区独立组织施工，其中以外环西路地面道路施工为主线。具体交通组织安排如下。

（1）外环西路交通组织：①道路土石方及桥涵施工阶段交通组织。外环西路有高架桥段地面道路位于现状荒地、沟渠处，无现状，采取封闭施工，外部车辆不得通行。外环西路有高架桥段地面道路位于现状荒地处，无现状，采取封闭施工。道路土石方施工完毕后，在高架桥下部结构施工过程中，同时完成陡沟桥、陡沟支沟桥及挡土墙，此时利用高架桥两侧已填筑地面道路作为施工便道。②桥梁上部结构施工阶段交通组织。桥梁上部结构施工时，因无施工工作面，停止地面道路施工，配合高架桥施工单位做好交通组织工作。③地面道路及管线施工阶段。高架桥上部结构施工完毕支架拆除后，进行地面道路施工。地面道路施工采取分幅施工，即先进行西半幅地面道路施工，后进行东半幅地面道路施工。A.高架桥支架拆除后，利用东半幅作为施工便道，进行西半幅道路结构层施工。B.西半幅沥青砼中下面层施工完毕并进行交通改线，利用新建西半幅道路作为施工便道，进行东半幅道路结构层施工。④沥青砼面层及附属施工阶段交通组织。天气回暖后，利用西半幅新建道路作为施工便道，首先进行东半幅沥青砼中下面层施工；然后统一进行全线沥青砼上面层施工；最后进行边坡防护施工。

（2）文德路施工交通组织。考虑到文德路仅能从现状G104进出，而雨水箱涵正好位于从G104进入文德路入口处，因此首先集中力量进行雨水箱涵施工，雨水箱涵施工完毕后进行道路管网施工，道路管网按照"先快车道道路管网，后慢行一体道路管网"的顺序施工。①雨水箱涵施工交通组织。雨水箱涵采用跳仓法施工，利用现状G104作为施工便道；②快车道道路管网施工交通组织。雨水箱涵施工完毕后，利用两侧非机动车道作为施工便道，进行快车道道路管网施工；③慢行一体道路管网施工交通组织。快车道道路管网施工完毕后，进行交通改线，利用新建快车道作为施工便道，进行慢行一体道路管网施工。

（四）施工区域交通临时标志及设施的设置

为保证施工期间施工范围内的道路畅通，需要根据交警部门的要求设置交通临时标志及设施。

1.交通标志设置

在封闭道路施工期间，在相邻道路及支路入口布设交通标志，提前提醒车辆绕行，以减少施工区域内的交通压力。在施工区域外的相邻道路上设置醒目的交通提示牌，提前通知市民选择绕行的道路，并在地面上设置交通导流标志，减少对交通的影响。

在进行道路车道封闭前应提前通知周围市民及单位，使需要过往的车辆及行人能提前选择绕行道路，降低该路段的交通压力，减少车辆拥堵现象的发生。

管道施工过程中，给沿线居民预留通行便道，沿线小型出入口在沟槽上架设便桥，方便居民通行。

2.交通设施的设置

（1）施工期间采用硬质施工围挡将施工区与通行区分开，在沿线单位及小区设置出入口，供施工车辆及施工人员进出施工区域，两侧车辆在路口集中导流疏解，保证交通顺畅。

（2）在路口处设置交通协勤岗，每一协勤岗安排两名协勤员，在路口前方设置告示牌和交通分流示意图，对行人及过往车辆进行疏导。

（3）根据现场情况，在施工区域与非施工区域设置分隔设施。根据工程文明施工要求，封闭施工，均采用统一高度的围挡。分隔设施做到连续、稳固、整洁、美观。安排专人值班，确保行人及车辆安全。

（五）交通安全保证措施

1.施工中坚决贯彻"安全第一、预防为主"的方针。必须严格贯彻执行各项安全组织措施，切实做到安全生产。

在道路交叉口及小型出入口处设置硬质透明围挡，利于车辆驾驶员及行人的有效视野，保证车辆及行人安全。

2.成立"施工交通管理领导小组"，设专职"交通协管员"和"安全员"，并统一着装，经相关部门进行专业培训后，持证上岗。

3.结合以往施工经验，编制切实可行的交通疏导方案，由交通协调部配合专职的"交通协管员"和"安全员"负责交通疏导方案的落实，密切配合相关部门，在需要导行的路口设置交通标志牌和安全施工宣传牌，并设专职交通协管员，协助交管部门疏导行人及车辆，确保交通和施工安全。

4.在施工过程中，对于管线沟槽和基坑及时采用围挡进行封闭，并设置防护警示标志，夜间设置警示灯，保障行人及车辆安全。

第三章 市政施工道路工程施工措施计划

第一节 施工安全措施计划

一、施工安全管理目标

（一）管理方针

坚持"安全第一、预防为主、综合治理"的安全管理方针，以安全促生产。管理目标：达到安全文明施工样板工地标准。

（二）安全目标

创零伤亡、杜绝重大安全事故，施工现场文明规范，确保安全生产。

二、安全生产管理机构及人员职责

安全管理委员会是公司级的安全生产管理机构，总经理担任安委会主任，是安全生产第一责任人。安全部是公司安委会的常设办事机构，配备安全管理、土建、机械、电气、消防等专业人员，具体负责日常的安全生产监督管理。工程项目部成立安全生产管理小组，项目经理担任组长，为工程项目的安全生产第一责任人。项目部设立施工安全组，配备专职安全员4人，具体负责工程项目日常的安全生产监督管理。各生产班组设兼职安全员，配合专职安全员的工作。项目部设立管线保护组，项目副经理为责任人，安全员兼任巡查协调员，将管线保护放在首位，地下管线情况不明了的严禁开挖施工。

项目部的施工技术、材料设备、物资管理、质量管理、安全环保、综合办公室等部门和人员，履行各自的安全生产职责，并互相配合，形成专管成线、群管成网的安全管理网络。

（一）项目经理安全生产职责

1.认真贯彻执行国家有关安全生产、文明施工的方针、政策、法规标准及公司制定的各项安全生产规章制度，保证工程项目安全生产、文明施工达到工程安全目标。

2.项目经理是某市政道路工程项目安全生产、文明施工领导小组组长，是工程项目安全生产要素的指挥者，是工程项目安全生产、文明施工的第一责任人，对某市政道路工程项目安全生产、文明施工负全面责任。

3.将安全生产、文明施工纳入工作议事日程。坚持"安全第一，预防为主"的方针，当生产与安全发生矛盾时，生产必须服从安全。

4.组织好某市政道路工程项目定期和不定期的安全生产、文明施工检查，发现施工生产中不安全问题，组织制定措施及时解决。对业主及有关部门提出的安全生产与管理方面的问题，定时、定人、定措施予以解决。

5.项目经理要组织好每月安全生产、文明施工工作会议，传达业主及有关部门的安全生产会议精神，做到安全生产警钟长鸣，常抓不懈。

6.要选责任心强、业务素质高、热爱本职工作的人员担任专职安全员，大力支持他们的工作，充分发挥安全员在安全生产中的作用，使他们在生产安全管理方面真正有职、有责、有权。

7.有权拒绝不安全的指令，做到不违章指挥对违章指挥、违章作业人员，根据情节分别给予批准教育、罚款及行政处分，使责任者和职工受到教育。

8.保证本项目安全防护用品、施工用电气产品的质量，对本项目安全防护用品及施工用电气产品，执行准用证制度，严禁购买和使用伪劣的安全防护用品及施工电气产品。

9.落实施工组织设计中安全技术措施，组织并监督项目工程施工中安全技术交底和设施验收制度的实施。

10.事故发生后，立即组织抢救伤员及财产，排除险情，保护好事故现场，立即上报，协助事故调查组搞好事故调查工作。对发生的事故坚持四不放过的原则，使干部职工受到教育，防止此类事故再次发生。

（二）项目副经理安全生产职责

1.正确处理好生产与安全的关系，认真贯彻执行国家有关的各项安全生产、劳动保护和文明生产的方针政策、法规及本公司的规章制度，协助项目经理建立健全落实工程项目部安全生产责任制。

2.制定和组织实施工程项目的劳动保护措施计划。及时发现和消除不安全因素，对工程项目不能解决的问题要及时采取应急安全措施，及时向项目经理报告，妥善处置。

3.组织项目部各类人员开展安全教育活动，组织职工进行三级安全教育。保证上岗独立操作人员经过安全培训并考试合格，取得安全操作证，方可准许其独立操作。

4.协助项目经理制定工程项目各工种的安全操作规程，严格水源和饮食服务管理，要求相关管理人员做好防投毒、防污染的工作，确保饮水、饮食安全。

5.检查安全规章制度的执行情况，保证工艺文件、技术资料和设施等符合安全要求；监督和消除习惯性违章和制度性安排中不符合安全生产要求的情况；制定的经济责任中的内容要利于安全生产管理和加强各级人员的安全职责；对已投入的安全应急设施要保证完好、随时可用，并落实责任，做好管理、检查和维护工作，确保在岗人员正确使用。

6.负责组织项目部技术管理人员对工艺规程、操作规程、检修规程和安全技术规程，进行日常性的修订，以变更卡的形式进行日常性修订的审批，并报相关部门备案。

7.对重大工艺技术修订前以及涉及跨行业的工艺技术规程修订前，应报相关职能部门审核，经公司分管生产安全的领导批准后方可实施。

8.组织各级管理人员不断完善各施工队，关联作业之间合理的分工协作，确保网络化、多层次的监护作业。

9.负责根据项目施工情况及岗位的工作性质和工作量，安排好保证安全生产的最低在岗安全作业人数。

10.协助项目经理领导项目部安全工程师及相关人员、岗位（组）长和班组安全员的安全管理工作，组织开展安全生产竞赛活动，总结推广安全生产经验，表彰安全生产先进员工。

11.组织并参加项目部各类险情和事故调查、分析和处理。对险情和事故要查明原因，总结教训，采取改进措施。发生伤亡事故时，要紧急组织抢救，保护现场，立即上报业主和有关部门，立即停工并采取应急防范措施，避免事故扩大和重复发生。

12.完成项目经理交办的其他有关工作。

（三）项目总工程师安全生产职责

1.认真贯彻执行国家有关安全生产的方针政策、法规标准及本公司制定的各项安全生产规章制度，使施工项目的安全生产达到标准化、规范化。

2.对项目施工生产经营中的安全生产、文明施工负技术责任。

3.以保证安全生产、文明施工为原则编制施工方案，使施工始终处于安全的良好状态。在解决施工难点时从技术措施上保证安全生产。

4.对新工艺、新技术、新设备、新施工方法要编制相应的安全技术措施和安全操作规程，保证生产安全。

5.参加项目安全生产、文明施工工作会议，编制职工安全生产教材。参加定期的安全生产检查，对查出的事故隐患提出技术性的整改措施，并监督检查执行情况。

6.负责编制项目安全生产组织设计，搞好安全技术交底工作，并做好交底签字手续，按规定要求存档。

7.主持制定技术措施计划和季节性施工方案的同时，制定相应的安全措施并监督执行，及时解决执行中出现的问题。

8.对项目发生重大伤亡事故，针对事故原因，编制预防事故再次发生的技术措施。

（四）施工技术部安全生产职责

1.对所有负责的工程、项目的安全生产负直接责任，不违章指挥，制止违章冒险作业。

2.对管辖范围内的安全防护及设施、机、电、脚手架等，负直接的管理责任。

3.认真贯彻执行国家的安全生产方针、政策、法令、规程制度和上级批准的组织设计施工方案。

4.在计划、布置、检查、总结、评比生产的同时，必须把安全生产落实到具体环节中，特别要做好有针对性的书面技术交底，遇到生产与安全发生矛盾时，生产必须服从安全。

5.指导所属的工程队搞好安全日活动，组织学习安全操作规程，检查执行情况，教育工人正确使用安全防护用品。

6.发生重大伤亡事故、重大未遂事故，要保护现场并立即上报。

7.有权拒绝不科学、不安全的生产指令。

（五）安全管理部安全生产职责

1.认真贯彻执行国家、上级部门有关安全生产的方针、政策及法规条例、制度等文件精神，并组织落实。

2.负责组织制定（修改）安全生产的制度、规程，经主管领导批准后发布执行。

3.负责组织各种安全生产检查，对检查出的事故隐患和安全设施问题，督促相应施工队限期整改，对重大险情有权下达停工令，并报告主管领导，险情处理完后，经检查合格，方可开工作业。

4.负责组织安全生产的宣传教育，协同有关部门对工人进行三级安全教育和组织特种作业人员的培训考核工作。

5.组织推广目标管理、应用安全系统工程、标准化作业、网络化管理等现代化安全管理方法，不断提高安全管理水平及事故预防预测能力。

6.负责编制并组织实施中、长期安全生产规划和年度安全技术措施计划及年、季、月安全生产工作计划，并督促检查落实，帮助施工队解决实施中存在的问题。

7.参加和主持事故的调查处理，按照"四不放过"的原则，对事故责任人提出处理意见，实施防止事故再次发生的措施。

8.经常深入施工现场检查和了解安全施工生产状况，做好当日的安全工作日志，对施工中存在的不安全行为和隐患应立即制止，对严重"三违"行为按相关规定处理。

9.负责组织开展安全竞赛活动和总结交流推广安全施工生产经验，协助施工队做好安全宣传教育工作，定期向主管领导汇报安全生产开展情况，并按领导对安全工作的指示，协同有关部门落实。

10.负责组织编写简报和通报，报道安全生产方面的好人好事，向职工报告安全生产情况。

11.监督检查安全防护设施和劳动防护用品的质量，要求采购部门严禁购买伪劣产品。

（六）施工队长安全生产职责

1.认真贯彻执行国家有关安全生产文明施工的条例、标准、方针、政策及本公司在安全生产、文明施工方面制定的各项规章制度，对所管工程的安全生产、文明施工负直接责任。

2.参加安全生产、文明施工领导小组会议，组织好施工班组安全生产教育活动，提高全体职工安全生产思想意识。

3.搞好入场新工人上岗前三级教育工作和变换工种职工新岗位教育考核工作，提高新岗位职工安全生产操作技能。

4.施工队长是施工生产的指挥者，对安全生产负有直接责任。当遇到生产与安全发生矛盾时，生产必须服从安全。施工队长有权拒绝不安全的生产指令，对违章指挥、违章作业，对违章指挥、违章作业的直接责任者，根据情节分别给予批评教育和经济惩罚。

5.配合公司每月进行一次安全生产检查评分，对检查发现的问题，按单位的三定原则及时整改。

6.负责组织脚手架、钢筋施工、混凝土施工、施工用电及施工机械的检查，并做好交验签字手续。

7.组织好施工现场的安全生产检查，及时发现事故隐患，并组织按期整改。

8.对有毒、有害物品要设专库、专人进行严格保管，并建立有毒、有害物品的支领、使用制度，防止意外事故发生。

9.施工现场的交通道路要平整畅通，排水设施良好，各种机械设备要按施工总平面进行布置，各种材料构件堆放整齐有序，做到安全生产、文明施工。

10.施工现场发生事故后，立即组织抢救伤员及财产，排除险情，保护好事故现场，及时上报，协助事故的调查工作。

三、安全管理制度

（一）安全技术交底制度

根据安全措施和现场情况，各级管理人员逐级进行书面交底。

（二）班前检查制度

责任工程师和专业安全工程师必须督促与检查施工方、专业施工队对安全防护措施是否进行了检查。

（三）周一安全活动制度

项目经理部每周一组织全体工人进行安全教育，对上周安全方面的问题进行总结，对本周的安全重点和注意事项做必要的交底，使广大工人心中有数，从意识上时刻绷紧安全这根弦。

（四）定期检查隐患整改制度

项目经理部每周组织一次安全生产检查，对查处的安全隐患必须定措施、定时间、定人员整改，并做好安全隐患整改记录。

（五）管理人员实行年审制度

每年由单位统一组织进行，加强施工管理人员的安全考核，增强安全意识，避免违章指挥。

（六）实行安全生产奖罚制度与事故报告制度

危机情况停工制：一旦出现危及职工生命财产安全的险情，要立即停工，同时立即报告有关部门，及时采取措施排除险情。

（七）持证上岗制度

特殊工种必须持有上岗操作证，严禁无证操作。

（八）安全培训制度

关键技术岗位的特种作业人员，必须参加由政府有关部门组织的安全作业培训，经考试合格并取得特种作业资格证书，才能上岗作业。

（九）注册安全工程师制度

注册安全工程师制度是依据《安全生产法》建立的一项重要制度。人事部和国家安全生产监督管理局已联合颁布《注册安全工程师执业资格制度暂行规定》。注册安全工程师的主要职责是向企业提供安全生产管理服务，协助企业主要负责人做好安全生产工作。在生产活动中推行注册安全工程师制度。

（十）安全教育制度

安全教育既是施工企业安全管理工作的重要组成部分，也是施工现场安全生产的一个重要工作方面，安全教育必须贯穿工程施工的全过程。

1.安全思想教育是保证安全生产的思想基础。

2.安全知识教育是安全生产的重点。教育内容有：施工生产一般流程；环境、区域概括介绍；安全生产一般注意事项；企业内外典型事故案例介绍与分析；工种岗位安全生产知识；安全生产技术，安全技术操作规程。

3.安全生产法制教育：包括安全生产法规和责任制度；法规和有关条文；安全生产规章制度；摘要介绍受处分的案例。

4.安全纪律教育：厂规厂纪；职工守则；劳动纪律；安全生产奖惩制度。

四、主要施工安全风险控制措施

桥梁施工中应注意钻孔灌注桩基础、钢筋加工、混凝土浇筑、脚手架施工、高空作业、预应力张拉及模板搭设与拆除等的安全施工。道路管线施工中应注意旧路破除、路基施工、沥青砼路面等的安全施工，还应注意施工中现场机械设备的安全。综上所述，应采取预防措施如下。

（一）道路管线施工安全措施

1.旧路拆除施工安全措施

（1）旧路面凿除宜分小段进行，以免妨碍交通。

（2）用镐开挖旧路面时，应并排前进，左右间距应不少于2m，不得面对使镐。

（3）大锤砸碎旧路面时，周围不得有人站立或通行，锤击钢钎，使锤人应站在扶钎人的侧面，使锤人不得戴手套，锤柄端头应有防滑措施。

（4）风动工具工凿除旧路面，应遵守下列规定。①各部管道接头必须紧固，不漏气，胶皮管不得缠绕打结，不得用折弯风管的办法作断气之用，也不得将风管置于胯下；②风管通过过道，须挖沟将风管下埋；③风管连接风包后要试送气，检查风管内有无杂物堵塞。送气时，要缓慢拧开阀门，不得猛开；④风镐操作人员应与空压机司机紧密配合，及时送气或闭气；⑤钎子插入风动工具后不得空打；⑥利用机械破碎旧路面时，应有专人统一指挥，操作范围内不得有人，铲刀切入地面不宜过深，推刀速度缓慢。

2.路基施工安全措施

（1）挖方施工中对地下隐蔽管线的具体位置必须作出明显的标志，向施工人员进行详细的交底，施工人员开挖时要细心、准确，防止挖断电缆线发生触电，防止挖破自来水管或污水管出现漏水，防止挖破煤气管道发生爆炸等现象。

（2）填方施工时，每侧均应宽于该层填筑坡角50cm，保证压路机碾压时边缘留下足够安全的距离，防止碾压时发生不安全的事故。

（3）对碾压成活的路段上，限制施工车辆行驶时，应用围挡封闭或用旗语指挥，禁止跑到车前挡车，以免发生车祸。

（4）施工结束，必须清理现场，剩余的石料、泥浆、灰砂浆等不准乱堆乱成倒在人行道上，影响行人安全。

3.沥青砼路面施工安全措施

（1）沥青操作人员应进行体检。凡患有结膜炎、皮肤病及对沥青过敏反应者，不宜从事沥青作业。

（2）从事沥青作业人员，皮肤外露部分均须抹防护药膏，工地上应配有医务人员。

（3）沥青操作工的工作服及防护用品应集中存放，严禁穿戴回家和带入集体宿舍。

（4）沥青的加热及混合料拌制宜设在人员较少、场地空旷的地段。产量较大的拌和设备，有条件的应增设防尘设施。

（5）块装沥青搬运一般宜在夜间和阴天进行，尤其应避免炎热季节。搬运时宜采用小型机械装卸，不宜用手直接装运。

4.防止沟槽塌方措施

（1）在沟槽施工前，项目总工对施工人员下发安全技术交底，施工人员要按安全技术交底进行放坡、支撑或护壁。根据施工现场的土质和地下水情况，沟槽要进行边坡支护。沟槽支撑一般分单板撑、井字撑、稀撑、密撑、企口板桩等，根据现场土质、地下水位、槽深、施工季节和槽边建筑物等情况，选用支撑类型。

在第一次开挖的梯形沟槽以下进行沟槽支护，沟槽边开挖边支护，支护采用组合钢撑板，其尺寸为厚 6cm、宽 16cm、长 4m，横向放置，竖撑采用 20cm×20cm 木方，间距 1.5m，中间采用两排 $\Phi63.5mm\times6mm$ 钢管作为撑柱，间距 1.5m。

（2）施工人员要从上而下逐层挖掘，严禁掏挖。

（3）不得在坑壁上掏挖攀登上下，应从坡道或爬梯上下。

（4）作业中要注意土壁变化，发现裂纹或局部塌方等危险情况，要迅速撤离危险区域并报告施工现场负责人。

（5）要防止地面水流入坑、沟内。

（6）坑槽周围设置防护措施和警示标志。

（二）桥涵施工安全措施

1.钻孔灌注桩基础施工应注意的安全措施

（1）施工作业区内应有明显标志并将设施与非作业区隔离开来，严禁非作业人员进入施工现场。

（2）钻孔机械就位后，应对钻机及配套设备进行全面检查。钻机安设必须平稳、牢固；钻架应加设斜撑或缆风绳。

（3）钻机使用的电缆线要定期检查，接头必须绑扎牢固，确保不透水、不漏电，对经常处于水、泥浆浸泡处应架空搭设。挪移钻机时，不得挤压电缆线及风水管路。

（4）钻孔使用的泥浆，宜设置泥浆循环净化系统，并注意防止或减少环境污染。

（5）钻机停钻，必须将钻头提出孔外，置于钻架上，不得滞留孔内。

（6）对于已埋设护筒未开钻或已成桩护筒尚未拔除的，应加设护筒顶盖或铺设安全网遮罩，以免掉土和发生人身坠落事故。

2.钢筋加工应注意的安全措施

（1）使用前检查电气、机身接零（地）、漏电保护器是否灵敏可靠，安全保护装置是否完好。

（2）钢筋切断机作业前，应进行试运转，检查刃口是否松动，运转正常后，方能进行切断作业。切长料时应有专人把扶，切短料时要用钳子或套管夹牢。不得因钢筋直径小而集束切割。

（3）钢筋施工场地应满足作业需要，机械设备的安装要牢固、稳定，作业前应对机械设备进行检查。

（4）使用调直机要加一根长为1m左右的钢管，被调直的钢筋先穿过钢管，再穿入导向管和调直筒，防止钢筋尾头弹出伤人。

（5）使用切断机时要握紧钢筋，冲切刀片向后退时，将钢筋送入刀口，切断料应用钳子送料，以防伤人。

（6）人工锤击切断钢筋时，钢筋直径不宜超过20mm，使锤人员和把扶钢筋、剪切工具人员身位要错开，并防止断下的短头钢筋弹出伤人。

（7）使用弯曲机弯曲钢筋时，要先将钢筋调直，加工较长的钢筋时要另有人扶稳钢筋，二人动作应协调一致。

（8）钢筋调直及冷拉场地应设置防护挡板，作业时非作业人员不得进入现场。

（9）工作完毕要拉闸断电，锁好开关箱。

3.混凝土浇筑施工中应注意的安全措施

（1）混凝土运输车辆在施工前必须对方向、制动、灯光等安全装置进行检查，在确保性能良好的情况下方可作业。

（2）夜间施工应装设足够的照明，深坑和潮湿地点施工，应使用低压安全照明电源。

（3）振动器操作人员必须穿胶鞋，振动器必须设专门防护性地导线，并在电源插板上装有漏电保护器，以免设备外壳漏电发生危险。如发生故障应立即切断电源修理。

（4）振动器等接电要安全可靠，绝缘接地装置良好，并应进行试运转。

4.脚手架施工应注意的安全措施

（1）脚手架搭设与临边防护均采用 $\Phi48.3mm \times 3.5mm$ 钢管作为基材，以扣件固定。搭设前钢管油漆成红白色标杆。

（2）脚手架钢管搭接长度不小于40cm，不少于2个扣件，扣件设置钢管末端不少于5cm，各类扣件必须紧固，使之扭力矩达到4.5~56mg。

（3）脚手架完毕经验收合格后挂牌施工，架件外侧设置醒目的安全标志，夜间施工配足照明灯光。

（4）脚手架拆除，按后搭先拆、先搭后拆，自上而下逐步下降的原则进行并设专人看管，在拆除时禁止向下乱抛物件。

（5）施工人员在脚手架上进行构筑物施工时，根据高度和构筑物类型的不同配置相应防护用品。

5.预应力张拉施工安全措施

（1）张拉现场的周围应设置标志以阻拦、禁止无关人员进入危险区域内，梁的两端应设有完善的安全防护措施，在张拉预应力筋时，千斤顶后面严禁站人，以防预应力或锚具拉断弹出伤人，已张拉完毕尚未压浆的梁亦应注意这一点。

（2）张拉时应由专人负责指挥，操作时严禁摸踩及碰掉预应力筋，在量测伸长值时，应停止开动千斤顶。

（3）千斤顶与空心板的锚垫板接触必须良好，位置正值对称，严禁多加垫块，以防支架不稳或受力不均而倾倒。

（4）孔道压浆时，操作压浆的工人应戴防护眼镜，防止水泥浆喷出伤人。

（5）张拉端的正前方设置厚度不小于5cm厚的大板。张拉阶段，严禁非预应力作业人员进入防护挡板与构件之间。

（6）在张拉端测量钢束伸长值及进行锚固作业时，必须先停止张拉，且量测者必须站位于被张拉端的侧面。

（7）严格执行安全操作规程进行施工，施工前预先进行交底，每区域施工前对张拉操作人员进行安全教育。

6.防止高处坠落和物体打击措施

（1）桥涵施工，采用多层作业或桥下通车、行人等立体施工时应布设安全网。

（2）穿防滑鞋、戴安全帽。检查安全帽，发现如有破损、裂纹要及时更换新的。

（3）各种物料用系绳或溜放的方法放到沟槽，不得向下抛投物料。

（4）从规定的通道或爬梯上下，不得攀爬沟槽壁或在沟槽两边跨越。

（5）在沟槽边沿设置防护设施，未经许可任何人不得改动或拆卸防护设施。

（6）沟槽开挖完成后，要及时清理沟槽两边散乱石块、砖块等。

7.模板搭设与拆除安全措施

（1）模板的安装、拆除必须按模板的施工设计进行，严禁任意变动。

（2）模板及其支撑系统在安装过程中，必须设置临时固定设施，严防倾覆。模板在未装对接螺栓前，板面要向后倾斜一定角度并撑牢，以防倒塌。安装过程要随时拆换支撑或增加支撑，以保持模板处于稳定状态。侧模斜撑的底部应加设垫木。

（3）支模应按施工工序进行，模板没有固定前，不得进行下道工序。

（4）支设立柱模板和梁模板时，必须搭设施工层。脚手板铺满，外侧设防护栏杆，不准站在模板上操作和在模板上行走，更不允许利用拉杆支撑攀登上下。

（5）五级以上大风、大雾、恶劣天气，必须停止模板的安装拆除工作。

（6）模板安装完毕，必须进行检查验收后，方可浇筑砼，验收单内容要量化。

（7）模板拆除前必须确认砼强度达到规定值，经拆模申请批准后方可进行，若砼强度报告砼强度未达到规定，严禁提前拆模。

（8）模板安装、拆除前班组长应向操作人员进行安全技术交底，在作业范围设安全警戒线并悬挂警示牌，拆除时派专人（监护人）看守。

（9）模板拆除的顺序和方法：按先支后拆，后支先拆，先拆不承重部分，后拆承重部分，自上而下的原则进行。

（10）在拆模板时，要专人指挥和切实的安全措施，并在相应的部位设置工作区，严禁非操作人员进入作业区。

（11）工作前要事先检查所使用的工具是否牢固，扳手等工具必须用绳链系挂在身上。工作时思想要集中，防止钉子扎脚和从空中滑落。

（12）拆除模板使用撬棍时，人不许站在撬棍正前方，更不得站在正在拆除的模板上。在拆除模板过程中，应防止整块模板掉下，发生意外事故。

（13）在构筑物临边、有预留洞时，要在模板拆除后，随时在相应的部位做好安全防护栏杆，或将原预留的洞盖严。

（14）拆模间隙时，要将已活动的模板、拉杆、支撑等固定牢固，严防突然掉落。

（15）拆除板、梁、柱模板时要注意：①在拆除2m以上模板时，要搭脚手架或操作平台，脚手板铺严，并设防护栏杆；②严禁在同一垂直面上操作；③拆除时要逐块拆卸，不得成片松动和撬落、拉倒；④拆除梁板的底模时，要设临时支撑，防止大片模板坠落；⑤严禁站在悬臂结构上面敲拆底模。

（16）每人要有足够工作面，数人同时操作时要明确分工，统一信号，同时进行。

（17）高处复杂结构的模板和管架的安装与拆除，事先应有切实的安全措施，在交通要道、行人过往地点应设警戒标志，划出安全区，并派人做安全值守，脚手架和组合钢模安装、拆除时上下应有人接应，随装拆随运送，严禁上下随意抛掷扣件、工具等物品。

（三）现场机械设备应注意的安全措施

1.现场固定的加工机械的电源线必须加塑料套管理地保护，防止被加工件压破发生触电。

2.按照《建筑施工临时用电安全技术规范》要求，做好各类电动机械和手持电动工具的接地或接零保护，防止发生漏电。

3.各种机械的传动部分必须有防护罩和防护套。

4.砂浆搅拌机在运转中，严禁将头和手伸入料斗察看进料搅拌情况，不得把铁锹伸入拌筒。清理料斗坑时，要挂好保险绳。

5.机械在运转中不得进行维修、保养、紧固、调整等作业。

6.机械运转中操作人员不得擅离岗位或把机械交给别人操作，严禁无关人员进入作业区和操作室。作业时思想要集中，严禁酒后作业。

7.打夯机要二人同时作业，其中一人理线，操作机械要戴绝缘手套，穿绝缘鞋。严禁在机械运转中清理机上积土。

8.使用砂轮机、切割机，操作人员必须戴防护眼镜。严禁用砂轮切割22#钢筋扎丝。

9.操作钢筋切断机切50cm以下短料时，手要离开切口15cm以上。

10.操作挖掘机、装载机、压路机、刮平机、运行车等必须经专业安全技术培训，持证上岗。

11.加工机械周围的废料必须随时清理，防止被废料绊倒发生事故。

12.汽车吊安全使用注意事项。

汽车吊的安装、顶升、拆卸必须按照原厂规定进行，并制订安全作业措施，在专业单位统一指导下进行，并要有技术和安全人员在场监护。

汽车吊司机、信号工必须经过培训取得合格证后方可上岗。汽车吊作业时司机与信号工要密切配合，司机严格执行信号工的信号，如信号不清或错误时，司机要拒绝执行。如果由于指挥失误而造成事故，应由信号工负责。汽车吊在作业中要严格执行"施工现场十不吊"。

汽车吊必须安装变幅、吊钩高度等限位器和力矩限制器等安全装置，并保证灵敏可靠。汽车吊的变幅指示器、力矩限制器以及各种限位开关等安全保护装置必须齐全完整、灵敏可靠，不得随意调整和拆除。严禁用限位装置代替操纵机构。

汽车吊必须按规定作业，不得超载荷和起吊不明重量的物件。在特殊情况下需超载荷使用时，必须有保证安全的技术措施，经专业单位技术负责人批准，有专人在现场监护下方可起吊。严禁使用汽车吊进行斜拉、斜吊和起吊地下埋设或凝结在地面上的重物。

夜间工作的塔式汽车吊，应设置正对工作面的投光灯，塔顶和臂架端部装设防撞红色信号灯。

（四）高处作业、悬空作业及临边防护应注意的安全措施

1.高处作业防护措施

施工前，逐级进行安全技术教育及交底，落实所有安全技术措施和人身防护用品，未经落实不得进行施工。

高处作业中的安全标志、工具、仪表、电气设施和各种设备，必须在施工前加以检查，确认完好，方能投入使用。攀登和悬空高处作业人员以及搭设高处作业安全设施的人员，必须经过专业技术培训及专业考试合格，持证上岗，并必须定期进行体格检查。

施工中对高处作业的安全技术设施，发现有缺陷和隐患时，必须及时解决，危及人身安全时，必须停止作业。

雨天应避免高处作业，若无法避免时必须采取可靠的防滑措施。进行高处作业的高耸建筑物，事先应设置避雷设施。遇有六级以上强风、浓雾等恶劣天气，不得进行露天攀登与悬空高处作业。台风暴雨后，应对高处作业安全设施逐一加以检查，发现有松动、变形、损坏或脱落等现象，应立即修理完善。

2.悬空作业防护措施

悬空作业处应有牢靠的立足处，并必须视具体情况，配置防护栏网、栏杆或其他安全设施。

构件吊装和管道安装时的悬空作业，必须遵守下列规定。

吊装的构件应尽可能在地面组装，并应搭设进行临时固定、电焊、高强螺栓等连接工序的高空安全设施，随构件同时上吊就位。拆卸时的安全措施亦应一并考虑和落实。高空吊装大型构件前，应先搭设悬空作业中所需的安全设施。

悬空安装大模板、钢结构等构件时，必须站在预先搭好操作平台上操作。吊装中的构件上，严禁站人和行走。

安装管道时必须有已完结构或操作平台为立足点，严禁在安装中的管道上站立和行走。

3.临边防护措施

进行桥面作业以及在因工程和工序需要而产生的使人与物有坠落危险或危及人身安全的其他顶端进行高处作业时，必须按下列规定设置防护设施。

板与墩柱的顶端，必须设置牢固的盖板、防护栏杆、安全网或其他防坠落的

防护设施。

桥上设防护栏杆，栏杆内应每隔两层并最多隔10m设一道安全网。

施工现场通道附近的各类顶端与坑槽等处，除设置防护设施与安全标志外，夜间还应设红灯示警。

五、施工管理重大风险控制措施

（一）防火安全措施

根据施工中使用的机具、材料和现场环境状况，为了消除可能出现的消防隐患与可能出现的火灾事故，特制定相应的防火措施。

1.对全体施工人员进行防火教育，提高防火安全意识，培训兼职消防员，建立健全防火组织机构及防火规章制度。

2.用火前，现场必须制定消防措施，并申请用火证，作业人员领取用火证后，方可在指定地点、时间内作业；消防管理人员必须到现场检查验收，确认消防措施已落实，并形成文件，方可发放用火证。

3.施工现场必须实行区域管理，作业区与生活区、库区应分开设置，并按规定配置相应的消防器材。

4.临时用电必须安装过载保护装置，配电箱、开关箱不得使用易燃、可燃材料制作。施工现场使用的电气设备必须符合防火要求。

5.施工现场应按照国家消防工作的方针、政策和消防法规的规定，根据工程特点、规模和现场环境状况确定消防管理机构并配备专（兼）职消防管理人员，对现场进行检查、防控，做好消防安全工作。

6.施工现场，严禁人员在禁止烟火的区域内吸烟；施工现场配备充足的消防器材，设立防火警示标志。

7.冬季施工采用炉火养护混凝土时，必须设专人管理。

8.用火地区要采取一定隔离防火措施，生活区及工地重要电器设施周围，设置接地或避雷装置，防止雷击起火。

9.不得在宿舍内躺在床上吸烟，吸烟后的烟头应立即熄灭，弃于指定地点，不得乱扔。

10.现场不得擅自使用电热器具，特殊需要时，应经消防管理人员批准，并采取相应的防护措施。

11.仓库及料场配置灭火器，并设置醒目的禁止烟火标志。在油罐等易燃危险品储存处严禁带火种入内，并安排专人值班。

12.设专职防火检查员巡查，发现火患及时采取措施灭火，对违反防火规章制度的人员进行严厉处罚。

13.现场一旦发生火灾事故，必须立即组织人员扑救，及时准确地拨打火警电话，保护现场，配合公安、消防部门开展火灾原因调查，吸取教训，采取预防措施。

14.应使用带地线的三孔插座，禁止自行换用没有地线的两孔插座，以防发生危险。插座不要位于电暖器上方，最好使用带有过流保护装置的插线板。电暖器上不宜覆盖物品，避免使电暖器热量不能及时散热而造成烧机。如果使用专用烘衣架，一定要把水拧干，避免水滴滴在电器控制盒里。

15.安装与摆放位置上，电暖器应放在不易碰触的地方，远离可燃烧物，背面离墙应有20厘米左右。电暖器的电线要有绝缘橡胶保护，并能保证与机体的连接处100%防水。

16.宿舍无人时，保证关闭用电设备电源，做到人走电源断。

17.生活区食堂用火与宿舍之间要采取一定隔离防火措施，防止火源与帐篷太近，风吹火源引燃帐篷起火。

18.配置灭火器，并设置醒目的禁止烟火标志。油漆、酒精等易燃危险品储存处严禁带火种入内，并安排专人管理。

（二）用电安全措施

对全体施工人员进行安全用电教育，提高安全用电意识，建立健全安全用电规章制度，在施工现场临时电源、配电箱等电源搭设装置周围，应设立警示标志。

1.支线架设安全措施

（1）配电箱的电缆线应有套管，电线进出不混乱，大容量电箱上进线加滴水弯。

（2）支线绝缘好，无老化、破损和漏电。

（3）支线应沿墙或电杆架空敷设，并用绝缘子固定。

（4）过道电线采用硬质护套管理地并作标记。

（5）室外支线用橡皮线架空，接头不受拉力并符合绝缘要求。

（6）在加工场地，为保证施工安全，用电采用一机一闸一漏保。

2.现场照明安全措施

（1）危险、潮湿场所和手持照明灯具应采用符合要求的安全电压。

（2）照明导线有绝缘子固定，严禁使用花线或塑料胶质线。导线不得随地拖拉或绑在脚手架上。

（3）照明灯具的金属外壳必须接地或接零。单相回路内的照明开关箱必须装设漏电保护器。

（4）室外照明灯具距地面不得低于3m；室内距地面不得低于2.4m。

3.架空线安全措施

（1）架空线必须设在专用电杆上，严禁架设在树或脚手架上。

（2）架空线装设横担和绝缘子，其规格、线间距离、围挡距离等符合架空线路要求，其电板线离地2.5m以上应加绝缘子。

（3）架空线离地4m以上，机动车道为6m以上。

（4）外电架空线线路下方不得搭设作业棚、生活设施，不得堆放构件、架具、材料和其他杂物。

（5）当架空线路较高且不影响施工通行时，重点是对线杆进行保护，对需保护的线杆底部采用混凝土加固，线杆周围围设栅栏，并悬挂警示标志。

当线杆距离沟槽较近时，采用贝雷架对线杆进行加固。

当线缆较低且影响施工通行架空线路时，根据架空线路高度对线路下通行道路进行挖深，增加线缆下安全高度，并对线杆底部采用混凝土加固，线杆周围围设栅栏，悬挂警示标志。

4.用电设备安全措施

（1）施工用电设施投入运行前，明确管理及维修人员的职责和管理范围。电力施工人员必须持证上岗，有处理触电者紧急救护的能力。

（2）使用电动工具的人员，要戴绝缘手套。在潮湿现场作业，要穿绝缘鞋。电动工具要装安全防护罩。使用时不得用手触刃具、模具、砂轮等，要按国家规定进行定期检查和维修。

（3）加强用电管理，严格执行"三相五线制"和"一机一闸一保护"，配电箱全部采用标准规格，熔丝搭配合理，人走上锁，进出电缆整齐有序。机电设备专人管理，严禁非电工私拉、乱扯乱动机电设备。

（4）施工用电、管线的安装符合规定，排列整齐，禁止任意拉线、接电。夜间施工保证有充足的照明。

（5）雨天时，对所有用电设备进行覆盖，并安装漏电保护器。

5.施工用电安全措施

（1）施工用电系统按设计规定安装完成后，必须经电气工程技术人员检查验收，确认合格并形成文件后，方可申请送电。

（2）施工现场开挖基坑、沟槽的边缘与地下电力沟外边缘之间的距离不得小于50cm。

（3）施工现场的机动车道与外电架空线路交叉时，架空线路的最低点与路面的最小垂直距离必须符合要求。

（4）在建工程施工中，地上建（构）筑物（含脚手架具）的外侧边缘与外电架空线路边线之间的距离应符合要求。施工现场不能满足规定的最小距离时，必须采取防护措施。

（5）施工用电设备5台（含）以上或设备总容量50kW（含）以上者，应编制施工用电设计和施工方案；用电设备5台以下或设备总容量50kW以下者，应编制用电安全技术措施；用电设计及其施工方案或安全技术措施应按工程施工组织设计审批程序批准后实施。

（6）施工现场一旦发生触电事故，必须立即切断电源，抢救触电人员。严禁在切断电源之前与触电人员接触。

（7）应使用经专业电工检测过的振动棒，发现振动棒的外壳、手柄破裂，插头有损坏时不要使用，应立即更换。

（8）长期不用或者受潮的振动棒在使用前，应先让电工测量绝缘阻值是否符合要求。

（9）使用振动棒、打夯机时，不得拆除或更换振动棒、打夯机原有插头，禁止将电缆金属丝直接插入电源插座。

（10）配电箱、开关箱周围要留出足够两人同时操作的空间和通道，不得堆放任何妨碍操作的杂物。

6.在电力保护区内机械施工的注意事项

（1）以下六种情况，必须经县级以上经（贸）委批准，并采取合理措施后方可进行。①在架空电力保护区内进行打桩、钻探、开挖等作业；②小于导线距穿越物体之间的安全距离，通过架空电力线路保护区；③在电力电缆线路保护区内作业；④起重机械的任何部位进入架空电力线路保护区进行施工；⑤超过4米高度的车辆或机械通过架空电力线路；⑥在电力设施500米内进行爆破作业。

（2）起重、吊装作业的安全措施：汽车吊、起重机、混凝土泵车等大型吊装机械在进入施工现场前，操作人员应事先观察施工地段上方或邻近有无高压线路。若发现施工地段上方有高压线路存在，应首先确认本次施工是否通过政府建设或有关部门的施工许可，然后根据杆号牌识别法或瓷瓶串辨法了解高压线路的电压等级，看是否采取必要的安全措施：①对高压线路进行必要防护时，要将导线用绝缘构架保护起来；②起重机械必须接地；③设专人监护。

（3）作业中，操作人员应时刻注意吊装机械的吊臂及吊件的任何部位距离高压线的最近距离不小于1千伏以下1.5米、1~20千伏2米、35~110千伏4米、220千伏6米、500千伏8.5米。作业中，监护人应时刻提醒操作人员保持与高压线路的安全距离。

（4）架空绝缘导线不应视为绝缘体，操作人员不得直接接触或靠近。

（5）如果遇到无把握施工的应及时通知供电公司有关人员，避免造成触电事故，给国家和个人造成重大财产损失或生命损失。

（三）机械设备安全管理措施

1.根据该项目部所需工种，制订各工种的安全操作规程，对操作人员进行岗前培训，持证上岗并掌握本工种安全生产知识和技能；新工人或转岗工人必须经入场或转岗培训，考核合格后方可上岗，实习期间必须在有经验的工人带领下进行作业。非机械操作工和非电工严禁操作机械、电气设备。

2.对各种机械设备在使用过程中进行检查、保养，确保人机安全，正常生产。

3.严禁在高压线下堆土、堆料、支搭临时设施和进行机械吊装作业；沟槽边、作业点、道路口必须设置明显安全标志，夜间必须设红色警示灯。

4.严格要求机械操作人员一丝不苟地按操作规程操作，坚决杜绝违章驾驶和违章作业，特殊工种持证上岗，杜绝违章指挥。

5.严禁擅自拆改、移动安全防护措施。需临时拆除或变动安全防护措施时，必须经施工技术管理人员同意，并采取相应的可靠措施。

6.公司所有机械设备在施工现场佩戴、涂刷统一VI识别标志。运行遵守交通法规，车辆在工地运输过程中，要按指定的路线行驶，在车辆交叉地点设专人负责交叉车辆的瞭望。

7.加强机械养护维修，机械停止运转后，机械维护人员立即对机械进行维护保养，保证机械正常运转。

8.安全员及机械负责人负责机械设备安全检查，组织分析事故隐患，查找原因，采取预防措施，发现紧急情况，有权停止作业，并立即汇报项目经理。

9.操作手有权拒绝违章作业的指令，对他人违章作业进行劝阻和制止。

10.作业时必须按规定使用防护用品。进入施工现场的人员必须戴安全帽，严禁赤脚，严禁穿拖鞋。

11.作业时应保持作业道路通畅。作业环境整洁。在雨、雪后和冬期，露天作业时必须先清除水、雪、霜、冰，并采取防滑措施再进行施工作业。

12.作业中出现危险征兆时，作业人员应暂停作业，转移至安全区域，并立即向上级报告。未经施工技术管理人员批准，严禁恢复作业。紧急处理时，必须在施工技术管理人员的指挥下进行作业。

13.作业中发生事故，必须及时抢救伤员，迅速报告上级，保护事故现场，并采取措施控制事故，如抢救工作可能造成事故扩大或人员伤亡时，必须在施工技术管理人员的指导下进行抢救。

14.现场上固定的加工机械的电源线必须加装塑料套管并埋地保护，防止被加工件压破发生触电。

15.按照《建筑施工临时用电安全技术规范》要求，做好各类电动机械和手持电动工具的接地或接零保护，防止发生漏电。

16.各种机械的传动部分必须有防护罩和防护套。

17.砂浆搅拌机在运转中，严禁将头和手伸入料斗察看进料搅拌情况，也不得把铁锹伸入拌筒。清理料斗坑，要挂好保险绳。

18.机械在运转中不得进行维修、保养、紧固、调整等作业。

19.机械运转中操作人员不得擅离岗位或把机械交给别人操作，严禁无关人员进入作业区和操作室。作业时思想要集中，严禁酒后作业。

20.打夯机要二人同时作业，其中一人理线，操作机械要戴绝缘手套，穿绝缘鞋。严禁在机械运转中清理机上积土。

21.使用砂轮机、切割机，操作人员必须戴防护眼镜。严禁用砂轮切割22#钢筋扎丝。

22.操作钢筋切断机切50cm以下短料时，手要离开切口15cm以上。

23.操作挖掘机、装载机、压路机、刮平机、运行车等必须经专业安全技术培训，持证上岗。

24.加工机械周围的废料必须随时清理，保持脚下清，防止被废料绊倒发生事故。

（四）安全教育与培训

安全教育培训是预防事故的主要途径之一，在各种预防措施中占有极为重要的地位，它能提高广大施工人员的安全责任感和自觉性，并能使施工人员掌握检测技术和控制技术的科学知识，学会消除工伤事故和预防职业病的本领，保障自身安全和健康，提高劳动生产率及创造更好的劳动条件。

1.安全教育分类

公司项目部在开工前，应对所有人员进行安全法制教育、安全思想教育、安全知识教育、安全技能教育、事故案例教育等。

2.安全教育及培训形式

（1）班前安全活动

施工班组应在每天施工前进行班组的安全教育和施工交底。班前安全交底由班长负责进行，班组安全交底应做好记录。

（2）施工安全技术交底

在施工前，项目部安全技术人员必须对施工人员进行安全技术总交底，安全技术总交底必须采用书面形式进行。在分部分项施工前，项目部安全技术人员必须对施工作业班组进行安全技术交底，也采用书面的形式，并由施工人员签字确认。

（3）新工艺、新技术、新设备、新材料的科技讲座

在项目施工中推行新工艺、新技术、新设备、新材料的，必须由技术人员对

施工人员进行安全、工艺的讲座。

（4）项目安全专项治理及安全案例讲座

公司每季度组织安全专项治理，对项目的安全检查通过安全例会的形式进行通报。

（5）新员工进单位、上岗的安全教育和继续教育

新职工进单位、上岗必须按照有关规定进行安全三级教育，并满足规定要求的培训时间。特殊工种、特殊岗位的人员安全教育培训按有关规定进行。

（6）年度安全系列培训

在岗员工的安全继续教育每年至少进行一次，并建立员工的安全教育档案。在岗员工的安全继续教育工作由人力资源部负责牵头，安全部门配合。

（五）安全检查

通过安全检查，减少安全事故的发生，提前发现可能发生事故的各种不安全因素，针对这些不安全因素，制定防范措施，保证建设工程在安全状态下施工，保护工作人员安全。

1.安全检查的内容

（1）安全管理的检查

内容包括：安全体系是否建立；安全责任分配是否落实；各项安全制度是否完善；安全教育、安全目标是否落实；安全技术方案是否编制和交底；各级管理人员证件是否齐全；作业人员和管理人员是否有不安全行为等。

（2）文明施工的检查

内容包括：现场围挡封闭是否安全；《建筑施工安全检查标准》（UW59-2011）标准各项要求是否落实；各项防护措施是否到位；现场安全标志、标识是否齐全；施工场地、材料堆放是否整洁明了；各种消防配备、各种易燃物品保管是否达到消防要求；各级消防责任是否落实；现场治安、宿舍防范是否达到要求；现场食堂卫生管理是否达标；卫生防疫的责任是否落实。

（3）脚手架工程的检查

内容包括：脚手架方案是否经过审批；脚手架搭设及建筑物拉结是否达到规范；脚手架与防护栏杆是否规范；杠杆锁件、间距、横杆、斜撑、剪刀撑是否达到要求；升降操作是否达到规范要求。

（4）机械设备的检查

各种施工机械设备的施工方案是否经过审批；各种机械的检测报告、验收手续是否齐全；各种机械的安装是否按照施工方案进行；各种机械的保险装置是否可靠；机械的例保是否正常；各种机械的配备是否达到规范要求；机械操作人员是否持证上岗等。

（5）施工用电的检查

内容包括：临时用电、生活用电、生产用电是否按施工组织设计进行；各种电器、电箱是否达到规范要求；各种电器装置是否达到安全要求。

（6）基坑支护与模板工程的检查

内容包括：基坑支护方案、模板工程方案是否经过审批；基坑临边支护、排水措施是否达到方案要求；模板支撑是否稳定；操作人员是否遵守安全操作规程；模板支拆的作业环境是否安全。

2.安全检查的形式

（1）日常安全检查

指按建筑工程的检查制度每天都进行的、贯穿生产过程的安全检查。

（2）专业性安全检查

对易发生安全事故的大型机械设备、特殊场所或特殊操作工序，除综合性检查外，还应组织有关专业技术人员、管理人员、操作职工或委托有资格的相关专业技术检查评鉴单位进行安全检查。

（3）季节性安全检查

根据季节特点，对建筑工程安全的影响，由安全部分组织相关人员进行检查。如春节前后以防火、防爆为主要内容，夏季以防暑降温为主要内容，雨季以防雷、防静电、防触电、防洪、防建筑物倒塌为主要内容的安全检查。

（4）节假日前后的安全检查

节假日前，要针对职工思想不集中、精力分散等问题，提示注意综合安全检查。

（5）不定期的特种检查

由于新、改、扩建工程的新作业环境条件、新工艺、新设备等可能带来新的不安全因素，在这些设备、设施投产前后进行竣工验收检查。

（六）防汛措施

按照某市政道路工程工期要求，工程施工跨越雨期且现场起伏，使某市政道路工程施工中防汛形势严峻，责任重大。为确保沿线单位、居民和工程参建人员的生命、财产安全，按照"安全第一，常备不懈，预防为主，全力抢险"的方针，制定防汛预案。

1.积极做好防汛教育宣传工作，提高警惕，克服麻痹思想

通过开展形式多样的教育宣传活动，使全员真正树立防洪防患意识，充分认识防汛工作的重要性，坚决消除麻痹侥幸思想，做到防汛教育经常化，防汛意识全员化，使各种防汛常识深入全员之心，不断增强防汛的整体合力。

2.健全防汛组织机构，做好防汛物资和设施的准备工作

（1）根据上级要求，成立防汛领导小组，加强对防汛工作的组织领导，并实行项目经理负责制。明确项目部防汛网络，从组织上保证防汛工作"不松、不散、不疏、不漏"，形成一级抓一级，层层抓落实的工作局面。同时下发关于认真做好防汛工作的有关通知，增强汛期防范意识。

（2）项目部防汛领导小组组织有关人员对工地重点区域进行认真的汛前及汛期检查，内容包括机械设备、备用电源、通信设施、值班人员安排、危险隐患段专人值守安排以及抢险物资准备等，发现问题及时排除处理。

（3）大汛期坚持全天24小时值班制和巡视制，以备在险情发生的第一时间有效协调各方力量进行抢险增援。此外，指派专人负责观测水文情况，及时传递水情、雨情、险情及灾情，做好预警工作。各级防汛责任人必须坚守岗位，忠于职守，当发生险情时要闻警而动，身先士卒，实施靠前指挥，及时采取有效措施，加强现场管理和监控，做到人员到位、指挥到位、责任到位、措施到位。

（4）成立防汛防险突击队，增强防汛工作的机动性和灵活性。并对突击队展开防汛方案演练，突出练指挥、练协同、练技能，提高抗洪抢险的实战能力。

（5）防汛通信设施准备。通信联络是防汛工作的生命线，通信网络要保证畅通，完善与各级指挥部和防汛相关领导部门及有关重点防汛地区的通信联络。

3.抗洪抢险

（1）工地不论何处一旦出现险情或灾情，必须做到三个第一，即第一时间、第一责任人、第一赶到现场。

（2）果断采取抢险措施，积极组织机械设备和抢险人员马上到位进行抗洪抢险，同时上报各级指挥部以便统一指挥协调。在紧急情况下，果断组织人员和机械设备立即撤离，最大限度地确保人身财产安全，力求使洪灾损失降到最低。

（3）建立集结调度制度，各施工队、班组和抗洪抢险突击队要听从调度，在最短的时间内，组织好人员、车辆和物资，到达指定地点积极参与抢险救灾。

4.具体应急撤退方案

（1）在汛期来临时，安排人员做好进场路线及便道维护，确保撤退时道路畅通无阻。

（2）根据现场水位上升情况，及时组织抢险突击队进行河渠堤岸围堵和加固，当现场雨量达到危险警戒时，立即组织所有人员及设备撤离至安全区域，利用有效搜救工具或派专人负责检查是否有遗漏人员，确保人身安全。

（3）洪水过后组织人员抓紧修复水毁工程，再次做好迎接洪水等自然灾害的各项准备，并加强汛后检查，编写防汛总结，为下一步防汛工作提供经验。

第二节　文明施工措施计划

一、文明施工管理目标

1.达到工程建设便民、利民、不扰民的要求。

2."两通"：施工现场车道畅通，工地沿线居民和施工人员出入畅通。

3."四无"：施工现场周围道路平整无积水，方便居民出行。施工现场无扬尘，噪声排放达标。施工车辆干净卫生无渣土，出施工现场清洗干净。施工现场无各类污染物，无对人体有害物质。

4."四必须"：工地现场必须挂牌施工；管理人员必须佩卡上岗；工地现场施工材料必须码放整齐；工地生活设施必须清洁文明。

二、文明施工保证体系

（一）文明施工制度

1.标识、护栏和信号管理制度

警告标志、护栏和信号用于警告工作人员存在或潜在危险，应引起注意。

（1）标识

用于工地上的一般有四种类型标识。①危险标识用于存在直接危险的地方；②警告标识用于提示潜在危险，或提示防止危险的注意事项；③指示标识用于控制工地上人员与车辆的活动；④安全指导标识用于提示穿戴劳动保护用品的要求。

（2）护栏

①设置围栏的目的是防止人员、车辆和设备误入危险地带；②所设置的围栏应该是高强度和醒目的。

（3）信号

①在高危险性的工作区域，应该安排信号员并配备信号装置，信号员应按要求着装；；②按工作要求使用相应的信号源，例如闪光信号灯和交通灯。

2.施工现场与临建区管理制度

（1）施工现场应当按照施工总平面布置图设置各项临时设施，现场堆放的大宗材料、成品、半成品和机具设备不得侵占场内道路及安全防护等设施，施工技术部门、现场经理负责总平面布置图的管理。

（2）设备、机具、材料按施工平面图进行布置，设备摆放整齐，机具、材料分类放置，码放有序，不乱堆放、不占路、不影响交通，做到物流有序。

（3）施工现场的用电线路、用电设施的安装和使用必须符合安装规范和安全操作规程，临时电缆采取埋地敷设并标明走向，配电箱统一编号，并注明负责人及联系方式，严禁任意拉线接电，施工现场必须设有保证施工安全要求的夜间照明。

（4）施工机械进场必须经过机具部门的安全检验，按规定位置摆放并符合规范要求，专机专人，持证挂牌操作，机具管理员应加强施工机械的定期维护保养。

（5）应保证施工现场道路畅通，因施工需要确需断路应经现场经理批准，采取必要的应急措施后实施，施工完毕及时恢复交通。

（6）应保持场容场貌整洁，随时清理建筑垃圾，各作业区域负责人督促检查场容场貌的整洁情况，每日安排专人打扫场内卫生，保证场内道路畅通；现场废弃物实行分类存放，供应人员及时清理外运。

（7）施工现场的洞、坑、沟等危险处应有防护设施或明显标志，现场材料堆放稳固，同时不要靠近坑、井、沟等（堆放在距坑、井、沟边1.5m以外），安全人员督促检查落实。

（8）施工现场的脚手架、防护设施、安全标志牌不得擅自拆除和移动。

（9）施工现场禁止开动和触动他人机器及不了解的各类设施、设备，严禁在起吊物下面停留和通过。

（10）施工现场的脚手架、防护棚、安全网等安全设施必须规范设置，由安全人员进行检查验收，及时消除隐患，保证安全有效。

（11）施工现场统一设置消防设施、统一编号，由安全人员定期检查，保证其完好的备用状态。

（12）各种临时设施分区域设置消防通道，满足防火间距，设置足够数量的、符合要求的消防器材、消防栓。易燃、易爆品和压力容器的储运、领用要严格控制，加强管理。电气焊作业要有防火措施，重点部位要重点防范。

（13）现场临时办公和必要的生活设施应干净清洁，职工的膳食、饮水供应等应当符合卫生要求。

3.施工人员管理制度

（1）施工现场管理人员、作业人员应当佩戴证明其身份的胸卡。

（2）进入施工现场的员工必须戴安全帽、穿安全防护鞋和工作服。

（3）现场不得随地吐痰，不得乱扔杂物。

（4）现场不得饮用含有酒精的饮料，酒后不得进入施工现场。

（5）现场不得打架斗殴、玩闹、赌博。

三、施工现场文明保证措施

（一）项目办公区、生活区及临设管理措施

1.项目办公区、生活区和临时设施统一采用彩色钢板房，项目部内配备会议室、餐厅、宿舍、澡堂、厕所、娱乐室、阅览室等各种设施。

2.施工区域与办公、生活区域分开设置，制定相应的生活、卫生管理制度。办公、生活临建设施采用彩色钢板材料搭建，生活区内不设地铺、通铺。

3.特殊天气时，采取有效的防暑降温、防冻保温措施，夏季有防蚊蝇措施，现场配备急救药箱，能够紧急处置突发性急症和意外人身伤害事故。

4.生活设施如临时宿舍、厨房、办公室等搭建位置适当且符合防火、通风、透光等要求，严禁利用在建的建筑物作为宿舍。

5.施工现场醒目位置设置文明施工公示标牌，标明工程名称、工程概况、开竣工日期、建设单位、设计单位、施工单位、监理单位名称及项目负责人、施工现场平面布置图和文明施工措施、监督举报电话等内容。

6.项目部设置专门的停车场和自行车、电动车等非机动车停车处，方便工作人员的工作和生活。

（二）项目部卫生及职业健康管理措施

1.项目部卫生

（1）有合格的可供食用的水源，保证供应开水，严禁食用生水，茶水桶加盖、加锁，并严禁直接置地，场地做到整洁卫生。

（2）食堂与厕所、污水沟距离应大于30m，内外环境整洁，有消毒、防尘、灭蝇、灭鼠措施，设熟食间或有熟食罩（必须配冰箱），生熟具分开，定期清洗，要留有样菜。

（3）厕所严禁设置于河道上。有贮粪池或集粪坑，并密封加盖。

（4）宿舍、更衣室做到通风、明亮、干燥、无异味、无蛛网、无积灰、无痰迹、无烟头纸屑，床上生活用品摆放整齐。

（5）浴室有专人负责清扫，室内排水畅通，不得将杂物随意排放路边影响交通。

（6）工地设医务室，无医务室配应急救药箱，药物品种齐全并有专人负责，做好药品发放记录，医务人员要抓好防病和食堂卫生巡视宣传工作，高温季节做好防暑、降温工作。

（7）生活区设有"五小设施"平面图和卫生包干示意图。

2.职业健康管理措施

（1）劳动保护措施

①接触粉尘、有毒有害气体等危险施工环境的作业职工，按有关规定发放个人劳动保护用品，并监督检查使用情况，以确保正常使用；②加强机械保养，减少施工机械不正常运转造成的噪声；③对于噪声超标的机械设备，采用消音器降低噪声，洞内运输机械行驶过程中，只许按低音喇叭，严禁长时间鸣笛；④对经常接触噪声的职工，加强个人防护，佩戴耳塞消除影响；⑤按照劳动法的要求，做好市政道路工程的劳动保护装备工作，根据每个工种的人数以及劳动性质，由物资部门负责采购，配备充足而且必要的劳动保护用品。同时加强行政管理，落实劳动保护措施。

（2）劳动保护装备要求

①采购劳动保护用品时，必须审核产品的生产许可证、产品合格证和安全鉴定证，确保产品的质量和使用安全；②施工人员必须按规定配齐劳动保护用品，并佩戴上岗，进入施工现场的其他人员必须佩戴安全帽，闲杂人员不得出入施工现场；③由安全领导小组负责对施工人员进行劳动保护方面的检查，对漏配、缺配劳动保护用品的施工人员，责令补发劳动保护用品；对不按规定使用劳动保护用品上岗的人员，进行批评教育，并责令其改正，对屡教不改的人员，采取罚款、停岗等措施予以惩罚。

（3）医疗卫生保护措施

全面负责医疗卫生和传染病、地方病防治的监测监督工作，落实防治措施，做好职工的健康教育工作。对项目内出现的疫情信息，及时向卫生机构报告；对内规范管理、对外加强协调联系，营造一个良好的内外卫生防疫工作环境；夏季发放防暑药品，防止中暑。冬季发放防寒防冻药品，防止冻伤；春秋两季是传染病、病毒性疾病高发季节，医务人员应加强对职工的健康检查，做好预防接种工作，搞好环境卫生，切断蚊蝇等传媒生物孳生源，有效控制疾病的流行。

（4）职业病防治措施

①严格执行《中华人民共和国传染病防治法》《中华人民共和国公众卫生法》及所在地政府有关职业病管理与疾病防治的规章制度；②配备应有的设施，负责职工疾病预防及事故中受伤职工的抢救；③强化施工和管理人员卫生意识，

杜绝疾病的发生，对已患传染病者及时隔离治疗；④有针对性地进行职业病的检查，发现病情时，及时进行病情分析，寻找发病根源，加强和改进施工方法及工艺，消除发病根源，防止病情的蔓延。特殊工种进行岗前培训，持证上岗，按规定进行施工操作。及时发放个人劳动保护用品，并监督检查正确使用；⑤做好对员工卫生防病的宣传教育工作，针对季节性流行病、传染病等，要利用板报等形式向职工介绍防病、治病的知识和方法；⑥加强施工运输道路和防尘工作。搅拌站和预制场内的行车道路，均采用砼硬化处理，对粉尘较多的进场施工便道，采取填筑砂砾等材料铺设路面，减少由于行车造成灰尘增多，指派专人对施工运输道路进行维护，车经常洒水，保持道路湿润，最大限度地减少道路粉尘飞扬。

（三）施工界域内现场管理措施

1.封闭施工管理措施

（1）施工区域与非施工区域设置分隔设施。根据文明施工要求，凡设置全封闭施工设施的，均采用统一高度的围挡。分隔设施做到连续、稳固、整洁、美观。

（2）在施工沿线人流量相对较多及醒目位置，设置企业文化墙，用来提高企业的形象，增强企业员工的自豪感，体现公司的凝聚力，给客户留下深刻的印象，宣传公司文明，推动公司品牌建设。企业文化墙的建设要与改善美化城市街景相结合，与城市的形象有效融合，起到美化周边环境作用。

（3）在路口拐角处采用透明封闭围挡，为路口行车安全提供保障，方便居民出行。

2.施工现场文明管理措施

（1）某市政道路工程经过某处管线种类较多、管线工程量大，沟槽维护、警示工作至关重要，不仅关系到文明施工，而且关系到施工人员和周边居民的人身安全。

（2）在进行地下工程挖掘前，向施工班组进行详细交底。施工过程中，与管线产权单位提前联系，要求该单位在施工现场设专人做好施工监护。采取有效措施，确保地下管线及地下设施安全，避免资源浪费，以及因管线受损而引起生活、办公的不便。

（3）施工现场定时洒水，防治扬尘和大气污染。

（4）对已完成工程进行保护，防止成品遭受任何损坏或破坏。

（5）定期对围挡擦拭，并对围挡外道路清理，保证环境卫生，方便居民出行。

（6）施工扬尘的控制措施：①水泥扬尘。根据项目施工特点，尽可能使用商品水泥及散装水泥，减少使用袋装水泥，以削减使用水泥带来的环境污染。散装水泥罐车下部出口处设置防尘袋，以防水泥散逸。在水泥搅拌过程中，水泥添加作业应规范，搅拌设施应保持密闭，防止添加、搅拌过程中大量水泥扬尘外溢。②施工扬尘。在施工作业现场按照相关要求，对施工现场进行分隔、开挖、运输和填筑等施工过程，遇到干燥、易起尘的土方工程作业时，必须辅以洒水压尘。遇到四级或四级以上大风天气，必须停止土方作业，同时作业处覆以防尘网。

加强建筑材料的存放管理，各类建材及混凝土拌合处应定点定位，禁止水泥露天堆放，并采取防尘抑尘措施，遇大风天气对散料堆放的水泥采取水喷淋防尘。

施工过程中使用易产生扬尘的建筑材料，采取密闭存储、设置围挡或堆砌围墙、采用防尘布苫盖或其他有效的防尘措施。

运输车辆进出的主干道应定期洒水清扫，保持车辆出入口路面清洁，减少由于车辆行驶引起的地面扬尘污染。

由于施工产生的扬尘可能影响周围正常居民生活、道路交通安全的，应设置防护网，以减少扬尘及施工渣土的影响。如防护网发生破损，应及时对其进行修补。

施工现场的建筑垃圾、工程渣土临时储运场地四周设置一米以上且不低于堆土高度的遮挡围栏，并有防尘和防污水外流等防污染措施。

禁止在人口集中地区焚烧沥青、油毡、橡胶、塑料、皮革以及其他有毒有害烟尘和恶臭气体等物资。特殊情况下须焚烧的，应报当地环境保护主管部门批准。

坚持文明施工及装卸作业，避免由于野蛮作业而造成的施工扬尘。

施工期间，施工工地内及工地出口至铺装道路间的车行道路，要采取铺设钢板、水泥混凝土、沥青混凝土等措施硬化路面。

采用吸尘或水冲洗的方法清洁施工工地道路积尘，不得在未实施洒水等抑尘措施情况下直接清扫工地道路。

施工期间，对于工地内的裸露地面，要采取覆盖防尘布或防尘网等措施。

（7）施工噪声及振动的管理

①施工申报。除紧急抢险、抢修外，不得在夜间10时至次日6时内，从事混凝土振捣等危害居民健康的噪声建设施工作业。由于特殊原因须在夜间10时至次日6时内从事超标准的、危害居民健康的建设施工作业活动的，必须事先向生态环境局办理审批手续，并向周围居民进行公告。

②施工噪声及振动的控制。

A.施工噪声的控制。a.根据施工现场环境的实际情况，合理布置机械设备及运输车辆进出口，搅拌机等高噪声设备及车辆进出口应安置在离居民区域相对较远的方位；b.合理安排施工机械作业，高噪声作业活动尽可能安排在不影响周围居民及社会正常生活的时段进行；c.对于高噪声设备附近加设可移动的简易隔声屏，尽可能减少设备噪声对周围环境的影响；d.离高噪声设备近距离操作的施工人员应佩戴耳塞，以降低高噪声机械对人耳造成的伤害。

B.施工振动的控制。如施工引起的振动可能对周围的房屋造成破坏性影响，须向居民分发"米字格贴"，避免因振动而损坏窗户玻璃。为缓解施工引起的振动，而导致地面开裂和建筑基础破坏，可设置防震沟和放置应力释放孔。

C.施工运输车辆噪声。运输车辆驶入城市区域禁鸣区域，驾驶员应在相应时段内遵守禁鸣规定，在非禁鸣路段和时间每次按喇叭不得超过0.5秒，连续按鸣不得超过3次。加强施工区域的交通管理，避免因交通堵塞而增加的车辆鸣号。

③工程竣工验收前，清理工地及周边环境，做到工完、料尽、场地清。

3.现场施工队文明管理措施

（1）严格施工队管理措施，加强施工队管理是实现文明施工的重要组成部分，是工程建设管理的重要环节。同时加大现场管理力度，把实现文明施工作为施工队管理的重要内容，依据"文明施工标准"和自身情况，有针对性地制定针对施工队的现场管理和文明施工条例，并严格实施。

（2）施工单位除每月进行一次文明施工检查外（要有检查记录），还要坚持日常的督促检查工作，不具备文明施工条件的不准开工，坚决消除施工现场脏、乱、差现象，营造一个整洁有序、文明的施工环境。

文明施工条件规定如下：①各种设施建设布局合理、整齐；②宿舍、库房、工作间内干净、整洁，各类物品摆放整齐；③区域内垃圾集中存放、定期清理；④区域内不准明沟排放污水；⑤区域内始终保持清洁、卫生、道路晴雨畅通、平坦；⑥厕所定期消毒处理，便池加盖，保持清洁；⑦区域内各类物品设备存放定置有序。

（3）施工中产生的沟、井、槽、坑应设置防护装置和警示标志及夜间警示灯。如遇恶劣天气应设专人值班，确保行人及车辆安全。

（4）施工中坚决贯彻"安全第一、预防为主"的方针。必须严格贯彻执行各项安全组织措施，切实做到安全生产。

（四）施工机械设备文明管理措施

1.施工车辆离开施工现场前要进行防遗洒清洗，避免垃圾和渣土污染公共道路。

2.在夜间10时至次日6时内，产生噪声的机械设备不得进行工作，防止扰民。

3.木工作业、机具加工应有隔音措施并避开午间和夜间作业。

4.油锤破除石方或爆破施工应避开午间和夜间作业。

5.爆破施工，被破除石方必须覆盖隔音和防止石渣迸溅的覆盖物，减少对周边居民的影响，降低安全隐患。

6.风镐、切割机、磨光机、钻孔机等噪声大的机械设备的使用避开午间和夜间作业。

7.无紧急情况，不得使用高音喇叭。

8.当天的渣土不过夜，集中在晚10时至次日5时之间清运出场，运输车辆全部覆盖。

（五）工程材料文明管理措施

1.施工现场材料按指定位置堆放整齐，不得影响现场施工和堵塞施工和消防通道。材料堆放场地应有专职的管理人员。

2.对易产生扬尘的材料，采取覆盖或特定位置存放。设置专用的水泥存放处存放水泥。

3.模板、脚手架不乱扔、乱摔，产生噪声。

4.公司材料设备科定期对工地材料设备管理人员及施工人员进行培训,并在工地设立材料安全管理指示牌。

（六）交通及便民措施

1.交通方面文明施工措施

（1）成立"施工交通管理领导小组",设专职"交通协管员"和"安全员",统一着装,经相关部门进行专业培训后,持证上岗。

（2）结合以往施工经验,编制切实可行的交通疏导方案,由交通协调部配合专职的"交通协管员"和"安全员"负责交通疏导方案的落实,密切配合相关部门,在需要疏导的路口设置交通标志牌和安全施工宣传牌,并设专职交通协管员,协助交管部门疏导行人及车辆,确保交通安全和施工安全。

2.便民措施

（1）因施工需要进行全封闭时,提前通知周边单位及居民,提示绕行。

（2）加强对现场施工人员的管理,教育施工人员讲求职业道德,自觉遵守《市民文明守则》及《治安管理条例》,杜绝违法违纪和不文明行为的发生。

（3）对因临时道路封闭而造成原有公交站点迁移的,由公司主动修建临时公交站点,方便居民出行,给居民留下较好的公司形象。

（4）公司在特定的位置设置便民服务站,为居民提供饮用水、充电等,进一步为居民服务,提高公司形象。

四、对外环境方面的文明施工措施

某市政道路工程施工为了减少对外界环境的影响,赢得周围单位、市民和村民的理解,特制定以下措施降低污染和噪声的施工保证措施。

（一）自然环境文明施工保证措施

1.加强车辆管理,对进出场车辆的车轮进行清洗,同时对工地进出场处及时清扫。

2.对施工便道加强维护,防止道路破坏而产生扬尘。

3.构筑物拆除采用专业队伍,拆除过程中洒水降尘,减少对周边环境的污染。

4.施工时废弃物做好回收处理，污水需经过处理池达到排放标准。

（二）社会环境文明施工保证措施

1.防止民扰及扰民

为了施工扰民事件的发生，在落实防止扰民措施的前提下，制定如下措施。

（1）在施工前公布工程性质、施工工期、安全措施，发放宣传材料，向周围的居民做好解释工作。说明在施工期间将会给工作及生活带来不便，以求得大家的理解和支持。

（2）教育施工人员和民工队伍，不得在施工区域外酗酒闹事，严格遵守国家法规和单位各项规章制度，维护群众利益，尽量减少对周边居民的烦扰。

（3）由于工程管线种类较多，必须对工地进行全封闭维护，避免外来人员进入施工场地，在沟槽边和施工区域入口处张贴"前方施工危险，外来人员严禁入内"的警示标志和标语，避免发生坠落事故。

（4）按国家环保部门规定对噪声值标准进行实时测定，采取措施将噪声尽可能降低，并避开居民休息时间施工高噪声机械，将噪声扰民控制在最低。

（5）现场设立群众来访接待处，并配备热线电话，24小时接待来访来电，所有问题均在24小时以内予以明确答复。同时，项目部设置便民接待室，受理并解决因施工给周边居民带来的生活困扰问题。

（6）依靠当地政府并与办事处、派出所、居民代表共同开展创建文明工地活动，通过沟通和融洽关系减少或防止民扰。项目部设置便民接待室，受理并解决因施工给周边居民带来的生活困扰问题。

（7）依法处理各种扰乱正常施工秩序的行为和责任人。对通过耐心说服并采取了合法措施仍然阻挠正常施工的人员或行为，依法提请有关部门，并遵照有关法律进行处理。

（8）针对该工程特点，公司成立协调小组，设专人负责民扰及地方关系的协调工作。

（9）及时与工程所在地政府、公安、村委会等各相关单位沟通联络，通报施工管理情况，以期获得有力的支持。

（10）设置指示牌。在施工现场醒目位置设置文明施工公示标牌、导向牌，交通地形图。

（11）及时清扫和洒水，防止扬尘。道路24小时有人扫，有人管。当天的渣土不过夜，集中在晚10时至次日5时之间清运出场，运输车辆全部覆盖。

（12）施工中临时围挡的四个角设置防护警示标志，夜间设置警示灯，部分夜间的警示灯采用霓虹灯。所有人行道的障碍物都安排专人防护。

（13）教育施工人员严格遵守各项规章制度，维护群众利益，尽力减少工程施工给当地群众带来的不便。

2.施工地方关系协调措施

施工期间必须完善各种施工手续，合法施工，符合当地规章、政策、法规的施工程序。及时沟通，通过对周边居民的走访，了解施工过程对其影响的主要方面，尽可能降低因施工造成居民生活的不便，并取得当地居民和政府的谅解和支持。为使工程顺利有序进行，尽量做到不扰民、少扰民、勤沟通，不断改进工作作风，力争工程完满完成。

（三）减少固体废物对土地的污染

1.生活用品废弃物处理

（1）指派专人收集并指定收集场所或容器，设置回收标识。制定管理办法，以旧换新，统一管理。并进行实际发放和回收统计。

（2）加强日常检查，确保回收率。

（3）定期移交有资质的部门进行处置。

2.工程施工产生废弃物处理

（1）对拆除旧有路面产生的建筑垃圾应集中堆放并覆盖，统一集中外运至指定的垃圾填埋场。

（2）对施工中产生的土方及石方分别堆放在施工指定区域内，覆盖防尘网，留出足够的回填方量，其余的统一集中外运，外运车辆覆盖防撒漏的帆布。

（四）杜绝重大环境事故，最大限度防止办公区域、施工现场火灾的发生

1.办公区域、仓库一律配备符合消防规定数量的环保型灭火器和消防池，消防池内贮备黄沙，并配备铁锨等灭火器材。

2.制定消防管理制度，在宿舍区通过展示消防警示标志和消防知识漫画，使

工人受到安全教育。

3.定期检查，及时发现火灾隐患，及时处理，将火灾隐患消除在萌芽状态。

4.培训人员使用灭火器和逃生方法，进行火灾应急预案演练，如有险情严格执行火灾应急预案。

（五）节约用电，减少电的非正常消耗

1.办公区域全部使用节能灯，安装节能开关，由办公室提出采购计划，选择环保、经济、实用的节能灯具，由专业电工统一安装，由办公室主任监督施工。

2.开水器每月进行除垢。

3.对养护室的空调等养护设备每星期检查一次。

4.夏季空调温度控制在25℃左右。

5.制定安全用电制度，做到人走灯灭。

（六）节约用纸，减少纸的非正常消耗

1.充分利用网络平台传输文件，减少采用人工和书面的方式传送，节约人力和纸张。

2.打印机墨盒采用可循环使用的墨盒，对于不可循环使用的墨盒，统一存放，集中回收，减少污染。

3.纸张做到双面打印（特殊情况除外），对打印多余纸张及时整理，用到非正规用纸中。

4.项目部用纸执行严格领用制度，说明理由方可领用。

（七）污水及废弃物排放

1.项目部统一规划污水排放管道位置，保证场内污水排放畅通，确保污水不外溢，化粪池做好防渗漏措施并覆盖严密，并定期清淤，避免污染环境滋生蚊蝇。

2.对于车辆清洗的污水，设置沉淀池，泥沙沉淀后，将清水排入就近雨水排水系统中。

3.超过50人吃饭的食堂要设隔油池。

4.有毒有害废弃物溶液，设置专门的存放仓库，集中清理外运。

（八）创建国家卫生城市

1.生活垃圾和粪便无害化处理场建设、管理和污染防治符合国家有关法律、法规及标准要求，无害化处理率＞90%。

2.生活垃圾中转站、厕所等环卫设施符合《城镇环境卫生设施设置标准》要求，布局合理，数量充足，管理规范。

3.区域环境噪声平均值≤60分贝。

4.各类卫生许可手续齐全有效，卫生管理制度健全，设置专（兼）职卫生管理人员；从业人员持有有效健康证明和卫生知识培训合格证，符合《食品安全法实施条例》相关要求，从业人员操作符合卫生要求。经营场所室内外环境整洁，公共用品清洗、消毒措施落实，卫生设施（清洗、消毒、保洁、通风、照明和排水等）和各项卫生指标达到国家有关标准要求。

5.认真贯彻《传染病防治法》，疾病预防控制机构建设达到规定要求。

第三节　施工环保措施计划

某市政道路工程施工面积大，工期长，工程量大，影响面大，施工环保尤为重要，为此针对某市政道路工程制定了一系列的施工环保措施。

一、环保目标

1.建设"市环保样板工地"：达到工程建设便民、利民、不扰民、不污染环境要求。

2."两通"：施工现场车道畅通，工地沿线居民和施工人员出入畅通。

3."四无"：施工现场周围道路平整无积水，方便居民出行。

4.施工现场无扬尘，噪声达标排放。

5.施工车辆干净卫生无渣土，出施工现场清洗干净。

6."四必须"：工地现场必须挂牌施工；管理人员必须佩卡上岗；工地现场

施工材料必须堆放整齐；工地生活设施必须清洁文明。

二、施工环保制度

（一）成立环保施工小组

项目部成立以项目经理为组长的环保施工小组，设两名副组长（分别由项目经理、技术负责人担任），依据分工不同有四名组员：现场保洁员、环境考评员、环保技术员、环保宣传员；环保小组下设"卫生清扫小队""环境监测小队""环保施工技术编制小队""对外宣传小队"。

（二）岗位职责

1.项目经理为某市政道路工程环保施工第一责任人，负责制定环境保护目标，组织编制环保施工技术措施，配合业主、监理做好环境保护施工检查，做好与周边单位的环保协调，定期召开环保施工会议。

2.由项目副经理担任的副组长负责施工现场的环境保护，做好环保措施的落实，带领环境考评院做好环境考评，以此作为劳动队伍的奖惩根据。

3.由技术负责人担任的副组长负责根据分部分项工程编制施工环保措施，由环保技术员对劳动队伍进行交底，并考察落实情况；负责对外的环保宣传。

三、环保保证措施

（一）主要环境因素控制措施

1.施工现场的环境保护措施

（1）结合某市政道路工程招标文件及实际情况，计划采用全封闭施工，在道路红线范围内修建临时便道，以便驻地车辆、行人通行。部分路段经过沿线居民区时会有横穿路口，计划实行全封闭施工，在路口一侧修建施工便道，管线施工时，沟槽上搭建便桥供施工车辆行驶以及社会车辆和行人行驶，满足施工方便及外界车辆和行人通行顺畅。

（2）施工中产生的沟、井、槽、坑应设置防护装置和警示标识及夜间警示灯。如遇恶劣天气应设专人值班，确保行人及车辆安全。

（3）施工中坚决贯彻"安全第一、预防为主"的方针。必须严格贯彻执行各项安全组织措施，切实做到安全生产。

（4）成立"施工交通管理领导小组"，设专职"交通协管员"和"安全员"，统一着装，并经相关部门进行专业培训后持证上岗。

（5）结合以往工程施工经验，编制切实可行的交通疏导方案，由交通协调部配合专职的"交通协管员"和"安全员"负责交通疏导方案的落实，密切配合相关部门，在需要导行的路口设置交通标志牌和安全施工宣传牌并设专职交通协管员，协助交管部门疏导行人及车辆，确保交通安全和施工安全。

（6）施工产生的泥浆，采用罐车装运出施工现场，统一处理，严禁倒入现状河流或排水管道。

（7）施工过程中对施工便道要及时洒水降尘，在雨天控制大型车辆出入，防止道路泥泞。

2.对外环境保护措施

某市政道路工程施工工程量大，工期长，易产生大量建筑垃圾，大型机械长期工作易产生噪声扰民等问题。为了减少对外界环境的影响，赢得单位、市民和村民的理解，特制定以下措施降低污染和浪费，降低对外界居民的干扰程度。

（1）自然环境保护措施

①通过加强车辆管理，对进出场车辆车轮进行清洗，同时对工地进出场处及时清扫；②对施工便道及时补强，防止道路破坏而产生扬尘。

（2）社会环境保护措施

①防止民扰及扰民。为了防止施工扰民事件的发生，在落实防止扰民措施的前提下，制定如下措施。第一，在施工前公布工程性质、施工工期、安全措施，发放宣传材料，向工程周围的居民做好解释工作。说明在施工期间将会给工作及生活带来不便，以求得大家的理解和支持。第二，教育施工人员严格遵守各项规章制度，维护群众利益，尽力减少工程施工给当地群众带来的不便。第三，按国家环保部门规定的噪声值标准进行测定，并确定噪声扰民范围。第四，现场设立群众来访接待处，并配备热线电话，24小时接待来访来电，对所有问题均在24小时以内予以明确答复。第五，依靠当地政府并与办事处、派出所、居民代表共同开展创建文明工地活动，通过沟通和融洽关系减少或防止民扰。第六，依法处理各种扰乱正常施工秩序的行为和责任人。对通过耐心说服并采取了合法措施仍然

阻挠正常施工的人或行为，依法向有关部门申请遵照有关法律进行处理。第七，针对该工程特点成立协调小组，设专人负责民扰及地方关系的协调工作。第八，及时与工程所在地政府、公安、村委会等相关单位沟通联络，通报施工管理情况，以期获得有力的支持。第九，设置指示牌。在施工现场醒目位置设置文明施工公示标牌、导向牌、交通地形图。第十，及时清扫和洒水，防止扬尘。马路24小时有人扫，有人管。当天的渣土不过夜，集中在晚10：00至早5：00之间清运出场，运输车辆全部覆盖。第十一，项目部设置便民接待室，受理并解决因施工给周边居民带来的生活困难问题。第十二，教育施工人员严格遵守各项规章制度，维护群众利益，尽量减少工程施工给当地群众带来的不便。

②施工地方关系协调措施。对于施工期间可能受到来自多方面对施工干扰的不利情况，在承建某市政道路工程过程中，应及时与相关政府部门进行接洽、沟通和联络，及时有效地贯彻政府部门的各项政策、法规。在施工过程中树立良好的形象，为工程顺利进行创造良好的外部环境，以确保工程顺利实施。

（3）减少固体废物对土地的污染

①指派专人收集并指定收集场所或容器，并设置回收标识；制定管理办法，以旧换新，统一管理。并进行实际发放和回收统计；②加强日常检查，确保回收率；③定期交有资质的部门进行处置。

（4）杜绝重大环境事故，最大限度防止办公区域、施工现场火灾发生

①办公区域、仓库一律配备符合消防规定数量的环保型灭火器；②严格执行并落实各项消防规章制度；③如有险情严格执行火灾应急预案。

（5）节约用电，减少电的非正常消耗

①办公区域全部换成节能灯，安装节能开关，更换率达到85%。由办公室提出采购计划，然后货比三家选出最环保、最实用的，派电工人员一名安装完毕，由办公室主任监督施工；②对开水器每月进行除垢；③对养护室的空调等养护设备每星期检查一次；④夏季用电空调温度控制在25℃左右；⑤重新制定安全用电制度，做到人走灯灭。

（6）节约用纸，减少纸的非正常消耗

①能用U盘的坚决不用软盘，不打印，分公司各科室与项目部、总公司等相关部门可用电子邮件等方式进行交流、传递信息；②对打印机做到有问题及时修理，避免出现卡纸等浪费现象；③对纸张做到双面打印（特殊情况除外），对打

印多余纸张及时整理，用到非正规用纸中；④项目部用纸执行严格领用制度，说明理由方可领用。

（7）污水及废弃物排放

①主要通道、料场排水畅通、无积水；②机械车辆清洗、维修的污水设隔油池并定期清淤；③混凝土搅拌设沉淀池（池内沉淀物不能超过沉淀的1/3）；④有固定厕所、化粪池定期清污。超过50人吃饭的食堂要设隔油池；⑤有存放有害废弃物容器或存放场。

（8）噪声的控制

①木工作业、机具加工、有隔音措施并避开午间和夜间作业；②无设备空转现象；③模板、脚手架无乱扔、乱摔产生噪声；④风镐、切割机、磨光机、钻孔机等噪声大的机械的使用避开午间和夜间作业；⑤无紧急情况，不得使用高音喇叭。

（二）扬尘（雾霾）防治措施

1.施工围挡

施工现场围挡应采用环保型装配式彩钢板，在施工现场周边连续设置围挡，围挡高度不低于1.8米。围挡要整齐、美观、牢固，统一标志。标识出现残缺时，应及时更换。出入口及道路转弯处应设可透视围挡（透明围挡应设置警示标识）或小型围挡，保证视线良好。

2.现场洒水

施工现场应当配备足量的洒水车辆，每天定时对易产生扬尘的路面、工程材料洒水降尘。每天洒水不少于5次，中度污染以上天气每天洒水不少于7次，做好记录，并经监理签字确认。

3.作业场地、施工便道硬化处理

（1）施工现场应平面布置，要求做好主要道路、材料堆场、生活办公区域铺设混凝土路面工作，实行场地的硬化或绿化处理，确保无一处露土现象，达到防尘控制要求。

（2）工程每个区的进出口、场地施工便道和建筑材料堆放地进行硬化处理，浇筑混凝土。安排专人经常清洁、洒水降尘。

（3）施工现场的主要出入口内侧应当设置车辆清洗设施或设备，确保车辆干净、整洁。工地出口处铺装道路上可见粘带泥土不得超过10米，并及时清扫冲洗。

4.材料堆放

施工现场的各种材料、构件应当按平面布置图分类、分规格存放。对水泥、灰土、碎石、沙石等工程材料应当进行围挡，易起扬尘的材料要进行严密覆盖，不得撒落到通行道上。

（1）砂石设置专用池槽进行堆放，控制进料数量，做到随到随用，不大量囤积。堆放时做到堆积方正、底脚整齐干净，并将周边及上方拍平压实，并用密目网罩覆盖。砂石料如过于干燥，应及时进行洒水。

（2）施工用的页岩空心砖及配砖砌块必须在指定场地堆放。进场后及时进行洒水湿润，定时由专人对堆放场地进行清扫。

（3）其他易飞扬物、细颗散体材料（如塑料泡沫、膨胀珍珠岩粉末等），必须进行严密的遮盖或存放在不透风的仓库内，运输车辆要有防止泄漏、飞扬装置，卸料时采取集中码放措施，以减少污染。

5.土方施工、堆放

在架空层基础土方开挖、回填施工中，主要采取淋水、降尘和防止车辆泥土外泄等措施。当雨天开挖、基坑回填时，应在施工临时通道上铺设麻袋。严格按挖土施工方案中所规定的挖土流程、堆土位置及车辆出入口线路进行指挥。加强对渣土运输车辆的车况检查，指派专人随机跟车监督，保证按规定线路行运，严禁偷倒、乱倒。

在场地内堆放作回填使用土方应集中堆放。同时，在土方未干化之前，经表面整平压实后，用密目网覆盖。定时洒水维持湿润，有效地控制扬尘。

6.施工过程扬尘控制

（1）施工机械在实施挖土、装土、堆土、路面切割、破碎等作业时，应当采取洒水等措施防止扬尘污染。

（2）使用风钻挖掘地面或者清扫施工现场时，应当辅以洒水等降尘措施。

（3）管线恢复安装施工的砖墙沟槽切割，应采用湿作业法进行施工。

（4）石材应优先组织半成品进入施工现场，实施装配式施工，减少因石材切割、加工所造成的扬尘污染。现场石材切割加工应设置专用封闭式作业间，操作人员必须佩戴防尘口罩，以降低或减少扬尘对环境的污染和人体的危害。

（5）禁止在施工现场露天熔化沥青或者焚烧油毡、油漆以及其他产生有毒有害气体的物质。

7.混凝土、砂浆拌制扬尘控制

在混凝土、砂浆搅拌操作间四周进行封闭围挡，控制和减少水泥扬尘对大气造成的污染。袋装水泥设置封闭的库房进行堆放，安排专人管理，定时进行清扫，保持库内整洁，地面无积灰现象。如需露天存放应采取严密遮盖措施。装卸以及拌制作业时严格要求工人佩戴口罩，做到轻搬轻放。混凝土、砂浆拌制时严格按石子（砂）→水泥→砂顺序进料，以控制和减少水泥扬尘。搅拌机储料池前应设置三面挡水，并做好排水沟、沉淀池，定期对沉淀池进行清理。

为减少施工现场扬尘污染源，施工现场全部使用商品混凝土。

8.运输车辆扬尘控制

施工车辆运送建设工程弃土、垃圾及易产生扬尘的散装材料时，应当采用密闭车斗。确无密闭车斗的，装载高度最高点不得超过车辆槽帮上沿40厘米，两侧边缘应当低于槽帮上缘10厘米。车斗应用苫布覆盖，苫布边缘至少要遮住槽帮上沿以下15厘米。车辆驶离工地前，应当在洗车平台冲洗轮胎及车身，其表面不得附着污泥。建筑垃圾（工程渣土）应当按照规定运输至核准的储运消纳场所。

9.拆除工程应当设置封闭围挡

采取喷淋压尘措施或其他压尘措施后方可施工。其建筑垃圾（工程渣土）应在建筑物、构筑物拆除后7日内清运完毕。

10.风力在4级以上的

工程施工现场应当根据实际对工地采取洒水等防尘措施，拆除、开挖、运输等易产生扬尘污染的应当停止施工作业。

11.建筑垃圾扬尘控制

（1）建筑结构楼层内的施工垃圾（暴露垃圾）清扫前先洒水湿润，运输可采用搭设封闭式专用垃圾通道运输或采用密封容器、装袋清运，并派专人进行检查、监督。严禁随意在预留洞、阳台、窗口处凌空抛撒。清扫的垃圾在现场规划场地内堆放，并适量洒水或覆盖密目网，定时清运搬离现场，减少粉尘污染。

（2）建筑垃圾、工程渣土在48小时内不能完成清运的，在施工工地内设置临时堆放场，临时堆放场采取围挡、遮盖等防尘措施。

（3）在施工现场处置工程渣土时进行洒水或者喷淋降尘。

（4）施工现场堆放的渣土，堆放高度不得高于围挡高度，并采取遮盖措施。

（5）在建筑物、构筑物上运送散装物料、建筑垃圾和渣土时，采用密闭方式清运，禁止高空抛掷、扬撒。

12.生活垃圾扬尘控制

生活垃圾安排专人收集、清理，按指定地点与建筑垃圾分开堆放，并进行密闭遮挡。生活垃圾应由环卫部门及时清运出场。

禁止在现场焚烧建筑垃圾、废弃木料、塑料品和热熔沥青，以防止对大气的污染。

13.对涉及扬尘问题的作业班组

对涉及扬尘问题的作业班组进行专项防止扬尘交底，将防止扬尘工作具体落实到操作层，建立奖罚措施。

14.项目部与作业班组逐级签订扬尘治理目标责任书

项目部与作业班组逐级签订扬尘治理目标责任书，对扬尘治理工作进行目标化管理。

15.其他扬尘控制措施

（1）土方作业过程中，安排专人及时清除路面遗撒的泥土，并使路面始终保持较湿润的状态，做到不泥泞，不扬尘。土方施工期间，当气象预报风速达到5级以上时，停止施工作业。

（2）禁止使用空气压缩机清理车辆、设备和物料的尘埃。

（3）清扫路面、脚手架时，采取先洒水后清扫的方法。

（4）合理安排土石方等容易产生扬尘的工序。

（5）野外施工现场主要运输道路，应进行地面硬化，及时洒水。

（6）对于施工场地平整作业造成的粉尘排放，要及时洒水。

（7）土石方施工现场，经常洒水，保持无风天目测无扬尘。

16.班组环境目标责任书

为加强项目部施工扬尘污染整治工作，实行班组责任制，确保项目部环境质量。根据《扬尘污染防治工作方案》和有关文件精神，结合项目部的实际，与各班组签订本责任书，主要内容如下。

（1）施工工地周围必须设置1.8米以上刚性围挡，严禁敞开式作业。

（2）施工工地内堆放易产生扬尘污染物料的，应密闭存放或及时进行覆盖。工程脚手架外侧必须使用密目式安全网进行封闭。

（3）工程阶段性项目竣工后，各班组应当平整施工工地，并清除积土、堆物。

（4）出现四级以上大风天气时，禁止进行土方和拆除等易产生扬尘污染的施工作业，并采取防尘措施。

（5）施工工地现场出入口处地面必须硬化处置并设置车辆冲洗台以及配套的排水、泥浆沉淀池设施，冲洗设施到位；车辆驶出工地前，应将车轮、车身冲洗干净，不得带泥上路。

（6）工地施工现场的弃土、弃料及其建筑垃圾应及时清运，若在工地堆置超过48小时的，应密闭存放或及时进行覆盖。

（7）施工现场的主要道路应铺设厚度不小于20厘米的混凝土路面，场地内的其他地面应进行硬化处理。土方开挖阶段，应对施工现场的车行道路进行简易硬化，并辅以洒水等降尘措施。

（8）施工期间，工地内桥面上具有粉尘易散性的物料、渣子或废弃物输送至地面时，应采用密闭方式输送，不得凌空抛撒。

（9）施工现场无焚烧垃圾、树叶、沥青、橡胶、塑料等现象。

（10）施工现场范围内的裸露泥地，由各个班组使用伪装网覆盖。

（11）对因疏于管理或管理不到位、工作人员失职，应追究其班组长的相关责任。

17.施工现场扬尘控制方法

（1）严格落实某市建设工地施工扬尘控制规定和安全文明施工的相关规定。施工现场应实行封闭式管理，施工围挡坚固、严密。表面应平整和清洁，高度不得低于1.8米。

（2）施工现场主要道路及场地按要求进行硬化处理，施工现场裸露地面、土堆按要求进行覆盖。

（3）遇四级以上大风天气，不得安排施工队伍进行土方运输、土方开挖和土方回填等工作。

（4）负责施工现场日常清扫、洒水降尘等工作。

（5）负责施工现场机械、车辆外出轮胎的清洗工作。

（6）土方施工作业面（土方开挖、土方回填）可暂不覆盖，但应采取适度洒水降尘措施，当天施工完毕应按要求进行覆盖。

（7）外侧脚手架架体必须用密目网（颜色为绿色），沿外架进行封闭，安全网之间必须连接牢固、封闭严密并与架体固定。

（三）绿色施工措施

1.绿色施工原则

（1）绿色施工是建筑全寿命周期中的一个重要阶段。实施绿色施工，应进行总体方案优化。在规划、设计阶段，应充分考虑绿色施工的总体要求，为绿色施工提供基础条件。

（2）实施绿色施工，应对施工策划、材料采购、现场施工、工程验收等各阶段进行控制，加强对整个施工过程的管理和监督。

2.绿色施工总体框架

绿色施工总体框架由施工管理、环境保护、节材与材料资源利用、节水与水资源利用、节能与能源利用、节地与施工用地保护六个方面组成。涵盖了绿色施工的基本指标，同时包含了施工策划、材料采购、现场施工、工程验收等各阶段的指标。

3.绿色施工要点

（1）绿色施工管理

主要包括组织管理、规划管理、实施管理、评价管理和人员安全与健康管理五个方面。

①组织管理：第一，建立绿色施工管理体系，并制定相应的管理制度与目标。第二，项目经理为绿色施工第一责任人，负责绿色施工的组织实施及目标实现，并指定绿色施工管理人员和监督人员。

②规划管理：第一，编制绿色施工方案。该方案应在施工组织设计中独立成章，并按有关规定进行审批。第二，绿色施工方案应包括以下内容：

环境保护措施，制定环境管理计划及应急救援预案，采取有效措施，降低环境负荷，保护地下设施和文物等资源。

节材措施，在保证工程安全与质量的前提下，制定节材措施。如进行施工方案的节材优化，建筑垃圾减量化，利用可循环材料等。

节水措施，根据工程所在地的水资源状况，制定节水措施。

节能措施，进行施工节能策划，确定目标，制定节能措施。

节地与施工用地保护措施，制定临时用地指标、施工总平面布置规划及临时用地节地措施等。

③实施管理：第一，绿色施工应对整个施工过程实施动态管理，加强对施工策划、施工准备、材料采购、现场施工、工程验收等各阶段的管理和监督。第二，结合工程项目的特点，有针对性地对绿色施工作进行相应的宣传，通过宣传营造绿色施工的氛围。第三，定期对职工进行绿色施工知识培训，增强职工绿色施工意识。

④评价管理：第一，对照本导则的指标体系，结合工程特点，对绿色施工的效果及采用的新技术、新设备、新材料与新工艺进行自评估。第二，成立专家评估小组，对绿色施工方案、实施过程至项目竣工进行综合评估。

⑤人员安全与健康管理：第一，制订施工防尘、防毒、防辐射等职业危害的措施，保障施工人员的长期职业健康。第二，合理布置施工场地，保护生活及办公区不受施工活动的有害影响。施工现场建立卫生急救、保健防疫制度，在安全事故和疾病疫情出现时提供及时救助。第三，提供卫生、健康的工作与生活环境，加强对施工人员的住宿、膳食、饮用水等生活与环境卫生等管理，明显改善施工人员的生活条件。

（2）环境保护技术要点

①扬尘控制：第一，运送土方、垃圾、设备及建筑材料等，不污损场外道路。运输容易散落、飞扬、流漏物料的车辆，必须采取措施封闭严密，保证车辆清洁。施工现场出口应设置洗车槽。第二，土方作业阶段，采取洒水、覆盖等措施，达到作业区目测扬尘高度小于1.5m，不扩散到场区外。第三，结构施工、安装装饰装修阶段，作业区目测扬尘高度小于0.5m。对易产生扬尘的堆放材料应采取覆盖措施；对粉末状材料应封闭存放；场区内可能引起扬尘的材料及建筑垃圾搬运应有降尘措施，如覆盖、洒水等；浇筑混凝土前清理灰尘和垃圾时尽量使用吸尘器，避免使用吹风器等易产生扬尘的设备；机械剔凿作业时可用局部遮挡、掩盖、水淋等防护措施；高层或多层建筑清理垃圾应搭设封闭性临时专用道或采用容器吊运。第四，施工现场非作业区达到目测无扬尘的要求。对现场易飞扬物质采取有效措施，如洒水、地面硬化、围挡、密网覆盖、封闭等，防止扬尘产

生。第五，构筑物机械拆除前，做好扬尘控制计划。可采取清理积尘、拆除体洒水、设置隔挡等措施。第六，在场界四周隔挡高度位置测得的大气总悬浮颗粒物（TSP）月平均浓度与城市背景值的差值不大于$0.08mg/m^3$。

②噪声与振动控制：第一，现场噪声排放不得超过国家标准《建筑施工场界噪声限值》的规定。第二，在施工场界对噪声进行实时监测与控制。监测方法执行国家标准《建筑施工场界噪声测量方法》。第三，使用低噪声、低振动的机具，采取隔音与隔振措施，避免或减少施工噪声和振动。

③光污染控制：第一，尽量避免或减少施工过程中的光污染。夜间室外照明灯加设灯罩，透光方向集中在施工范围。第二，电焊作业采取遮挡措施，避免电焊弧光外泄。

④水污染控制：第一，施工现场污水排放应达到国家标准《污水综合排放标准》的要求。第二，在施工现场应针对不同的污水，设置相应的处理设施，如沉淀池、隔油池、化粪池等。第三，污水排放应委托有资质的单位进行废水水质检测，提供相应的污水检测报告。第四，保护地下水环境。采用隔水性能好的边坡支护技术。在缺水地区或地下水位持续下降的地区，基坑降水尽可能少地抽取地下水；当基坑开挖抽水量大于50万m^3时，应进行地下水回灌，避免地下水被污染。第五，对于化学品等有毒材料、油料的储存地，应有严格的隔水层设计，做好渗漏液收集和处理。

⑤土壤保护：第一，保护地表环境，防止土壤侵蚀、流失。因施工造成的裸土，及时覆盖砂石或种植速生草种，以减少土壤侵蚀；因施工造成容易发生地表径流土壤流失的情况，应采取设置地表排水系统、稳定斜坡、植被覆盖等措施，减少土壤流失。第二，沉淀池、隔油池、化粪池等不发生堵塞、渗漏、溢出等现象。及时清掏各类池内沉淀物，并委托有资质的单位清运。第三，对于有毒有害废弃物如电池、墨盒、油漆、涂料等回收后交有资质的单位处理，不能作为建筑垃圾外运，避免污染土壤和地下水。第四，施工后应恢复施工活动破坏的植被（一般指临时占地内）。与当地园林、环保部门或当地植物研究机构进行合作，在开发地区种植当地或其他合适的植物，以恢复剩余空地地貌或科学绿化，补救施工活动中人为破坏植被和地貌造成的土壤侵蚀。

⑥建筑垃圾控制：第一，制定建筑垃圾减量化计划，如住宅建筑，每万平方米的建筑垃圾不宜超过400吨。第二，加强建筑垃圾的回收再利用，力争建筑垃

圾的再利用和回收率达到30%，建筑物拆除产生的废弃物的再利用和回收率大于40%。对于碎石类、土石方类建筑垃圾，采用地基填埋、铺路等方式提高再利用率，力争再利用率大于50%。第三，施工现场生活区设置封闭式垃圾容器，施工场地生活垃圾实行袋装化，及时清运。对建筑垃圾进行分类，并收集到现场封闭式垃圾站，集中运出。

⑦地下设施、文物和资源保护：第一，施工前应调查清楚地下各种设施，做好保护计划，保证施工场地周边的各类管道、管线、建筑物、构筑物的安全运行。第二，施工过程中一旦发现文物，立即停止施工，保护现场并通报文物部门，同时做好协助工作。第三，避让、保护施工场区及周边的古树名木。第四，逐步开展统计分析施工现场的二氧化碳排放量，以及各种不同植被和树种的二氧化碳固定量的工作。

（3）节材与材料资源利用技术要点

①节材措施：第一，图纸会审时，应审核节材与材料资源利用的相关内容，达到材料损耗率比定额损耗率降低30%。第二，根据施工进度、库存情况等合理安排材料的采购、进场时间和批次，减少库存。第三，现场材料堆放有序。储存环境适宜，措施得当。保管制度健全，责任落实。第四，材料运输工具适宜，装卸方法得当，防止损坏和遗撒。根据现场平面布置情况就近卸载，避免和减少二次搬运。第五，采取技术和管理措施提高模板、脚手架等的周转次数。第六，优化安装工程的预留、预埋、管线路径等方案。第七，就地取材，施工现场500千米以内生产的建筑材料用量占建筑材料总重量的70%以上。

②结构材料：第一，推广使用预拌混凝土和商品砂浆。准确计算采购数量、供应频率、施工速度等，在施工过程中实行动态控制。结构工程使用散装水泥。第二，推广使用高强钢筋和高性能混凝土，减少资源消耗。第三，推广钢筋专业化加工和配送。第四，优化钢筋配料和钢构件下料方案。钢筋及钢结构制作前应对下料单及样品进行复核，无误后方可批量下料。第五，优化钢结构制作和安装方法。大型钢结构宜采用工厂制作，现场拼装；宜采用分段吊装、整体提升、滑移、顶升等安装方法，减少方案的措施用材量。第六，采取数字化技术，对大体积混凝土、大跨度结构等专项施工方案进行优化。

③围护材料：第一，围护结构选用耐候性及耐久性良好的材料，施工确保密封性、防水性和保温隔热性。第二，当墙体等部位采用基层加设保温隔热系统的

方式施工时，应选择高效节能、耐久性好的保温隔热材料，以减小保温隔热层的厚度及材料用量。第三，墙体等部位的保温隔热系统采用专用的配套材料，以加强各层次之间的黏结或连接强度，确保系统的安全性和耐久性。第四，加强保温隔热系统与围护结构的节点处理，应尽量降低热桥效应。针对建筑物的不同部位保温隔热特点，选用不同的保温隔热材料及系统，做到经济适用。

④装饰装修材料：第一，贴面类材料在施工前，应进行总体排版策划，减少非整块材的数量。第二，采用非木质的新材料或人造板材代替木质板材。第三，防水卷材、壁纸、油漆及各类涂料基层必须符合要求，避免起皮、脱落。各类油漆及黏结剂应随用随开启，不用时及时封闭。第四，木制品及木装饰用料、玻璃等各类板材等宜在工厂采购或定制。第五，采用自粘类片材，减少现场液态黏结剂的使用量。

⑤周转材料：第一，应选用耐用、维护与拆卸方便的周转材料和机具。第二，优先选用制作、安装、拆除一体化的专业队伍进行模板工程施工。第三，模板应以节约自然资源为原则，推广使用定型钢模、钢框竹模、竹胶板。第四，施工前应对模板工程的方案进行优化。多层、高层建筑使用可重复利用的模板体系，模板支撑宜采用工具式支撑。第五，优化高层建筑的外脚手架方案，采用整体提升、分段悬挑等方案。第六，推广采用外墙保温板替代混凝土施工模板的技术。第七，现场办公和生活用房采用周转式活动房。现场围挡应最大限度地利用已有围墙，或采用装配式可重复使用的围挡封闭。力争工地临房、临时围挡材料的可重复使用率达到70%。

（4）节水与水资源利用的技术要点

①提高用水效率：第一，施工中采用先进的节水施工工艺。第二，施工现场喷洒路面、绿化浇灌不宜使用市政自来水。现场搅拌用水、养护用水应采取有效的节水措施，严禁无措施浇水养护混凝土。第三，施工现场供水管网应根据用水量设计布置，管径合理、管路简捷，采取有效措施减少管网和用水器具的漏损。第四，现场机具、设备、车辆冲洗用水必须设立循环用水装置。施工现场办公区、生活区的生活用水采用节水系统和节水器具，提高节水器具配置比率。项目临时用水应使用节水型产品，安装计量装置，采取针对性的节水措施。第五，施工现场建立再利用水的收集处理系统，使水资源得到梯级循环利用。第六，施工现场分别对生活用水与工程用水确定用水定额指标，并分别计量管理。第七，大

111

型的不同单项工程、不同分包生活区，凡具备条件的应分别计量用水量。在签订不同工程分包或劳务合同时，将节水定额指标纳入合同条款，进行计量考核。第八，对混凝土搅拌站点等用水集中的区域和工艺点进行专项计量考核。施工现场建立雨水、中水或可再利用水的搜集利用系统。

②非传统水源利用：第一，优先采用中水搅拌、中水养护，有条件的地区和工程应收集雨水养护。第二，处于基坑降水阶段的工地，宜优先采用地下水作为混凝土搅拌用水、养护用水、冲洗用水和部分生活用水。第三，现场机具、设备、车辆冲洗、喷洒路面、绿化浇灌等用水，优先采用非传统水源，尽量不使用市政自来水。第四，大型施工现场，尤其是雨量充沛地区的大型施工现场建立雨水收集利用系统，充分收集自然降水用于施工和生活中适宜的地方。第五，力争施工中非传统水源和循环水的再利用量大于30%。

③用水安全：在非传统水源和现场循环再利用水的使用过程中，应制定有效的水质检测与卫生保障措施，避免对人体健康、工程质量以及周围环境产生不良影响。

（5）节能与能源利用的技术要点

①节能措施：第一，制订合理施工能耗指标，提高施工能源利用率。第二，优先使用国家、行业推荐的节能、高效、环保的施工设备和机具，如选用变频技术的节能施工设备等。第三，施工现场分别设定生产、生活、办公和施工设备的用电控制指标，定期进行计量、核算、对比分析，并有预防与纠正措施。第四，在施工组织设计中，合理安排施工顺序、工作面，减少作业区域的机具数量，相邻作业区充分利用共有的机具资源，安排施工工艺时，应优先考虑耗用电能少的或其他能耗较少的施工工艺。避免设备额定功率远大于使用功率或超负荷使用设备的现象。第五，根据当地气候和自然资源条件，充分利用太阳能、地热等可再生能源。

②机械设备与机具：第一，建立施工机械设备管理制度，开展用电、用油计量，完善设备档案，及时做好维修保养工作，使机械设备保持低耗、高效的状态。第二，选择功率与负载相匹配的施工机械设备，避免大功率施工机械设备低负载长时间运行。机电安装可采用节电型机械设备，如逆变式电焊机和能耗低、效率高的手持电动工具等，以利节电。机械设备宜使用节能型油料添加剂，在可能的情况下，考虑回收利用，节约油量。第三，合理安排工序，提高各种机械的

使用率和满载率，降低各种设备的单位耗能。

③生产、生活及办公临时设施：第一，利用场地自然条件，合理设计生产、生活及办公临时设施的体型、朝向、间距和窗墙面积比，使其获得良好的日照、通风和采光。南方地区可根据需要在其外墙窗设遮阳设施。第二，临时设施宜采用节能材料，墙体、屋面使用隔热性能好的材料，减少夏天空调、冬天取暖设备的使用时间及耗能量。第三，合理配置采暖、空调、风扇数量，规定使用时间，实行分段分时使用，节约用电。

④施工用电及照明：第一，临时用电优先选用节能电线和节能灯具，临电线路合理设计、布置，临电设备宜采用自动控制装置。采用声控、光控等节能照明灯具。第二，照明设计以满足最低照度为原则，照度不应超过最低照度的20%。

（6）节地与施工用地保护的技术要点

①临时用地指标：第一，根据施工规模及现场条件等因素合理确定临时设施，如临时加工厂、现场作业棚及材料堆场、办公生活设施等的占地指标。临时设施的占地面积应按用地指标所需的最低面积设计。第二，要求平面布置合理、紧凑，在满足环境、职业健康与安全及文明施工要求的前提下尽可能减少废弃地和死角，临时设施占地面积有效利用率大于90%。

②临时用地保护：第一，应对深基坑施工方案进行优化，减少土方开挖和回填量，最大限度地减少对土地的扰动，保护周边自然生态环境。第二，红线外临时占地应尽量使用荒地、废地，少占用农田和耕地。工程完工后，及时对红线外占地恢复原地形、地貌，使施工活动对周边环境的影响降至最低。第三，利用和保护施工用地范围内原有绿色植被。对于施工周期较长的现场，可按建筑永久绿化的要求，安排场地新建绿化。

③施工总平面布置：第一，施工总平面布置应做到科学、合理，充分利用原有建筑物、构筑物、道路、管线为施工服务。第二，施工现场搅拌站、仓库、加工厂、作业棚、材料堆场等布置应尽量靠近已有交通线路或即将修建的正式或临时交通线路，缩短运输距离。第三，临时办公和生活用房应采用经济、美观、占地面积小、对周边地貌环境影响较小，且适合于施工平面布置动态调整的多层轻钢活动板房、钢骨架水泥活动板房等标准化装配式结构。生活区与生产区应分开布置，并设置标准的分隔设施。第四，施工现场围墙可采用连续封闭的轻钢结构预制装配式活动围挡，减少建筑垃圾，保护土地。第五，施工现场道路按照永久

道路和临时道路相结合的原则布置。施工现场内应采用环形通路，减少道路占用土地。第六，临时设施布置应注意远近结合（本期工程与下期工程），努力减少和避免大量临时建筑拆迁和场地搬迁。

第四章 建筑电气设备

第一节 低压电气设备及其选择

低压电器通常是指工作在交流电压为1000V或直流电压为1500V以下的电路中的电器。

一、低压断路器

低压断路器是建筑工程中应用最广泛的一种控制设备，也称为自动断路器或空气开关。它除了具有全负荷分断能力外，还具有短路保护、过载保护、失压和欠压保护等功能。低压断路器具有很好的灭弧能力，常用作配电箱中的总开关或分路开关。

（一）低压断路器的工作原理

低压断路器的工作原理是，当出现过载时，热脱扣器的热元件发热使双金属片弯曲，推动自由脱扣器动作。当电路欠电压时，失压脱扣器的衔铁释放，也使自由脱扣器动作。分励脱扣器则作为远距离控制用。

（二）低压断路器的分类

低压断路器的种类繁多，可按使用类别、结构形式、灭弧介质、用途、操作方式、极数、安装方式等多种方式进行分类。有兴趣的读者可以自行查阅相关资料。

（三）低压断路器的选择应用

1.根据需要选择脱扣器

断路器脱扣器形式主要有热磁式和电子式两种。热磁式的脱扣器只能提供过载长延时保护和短路瞬动保护；电子式的脱扣器有的具有两段保护功能，有的具有三段保护，即过载长延时保护、短路短延时保护和短路瞬动保护功能。

额定电流在600A以下，且短路电流较小时，可选用塑壳断路器；额定电流较大，短路电流亦较大时，应选用万能式断路器。

2.根据负荷选择断路器

最常见的负载有配电线路、电动机和家用与类似家用（照明、家用电器等）三大类。

（1）配电型断路器

配电型断路器具有选择性保护。当短路时，只有靠近短路点的断路器动作，而上方位的断路器不动作，这就是选择性保护。

若两个断路器都是A类断路器，当发生短路，短路电流值达到一定值时，两个断路器同时动作，其中一个断路器回路及其支路全部停电，则为非选择性保护。

（2）电动机保护型断路器

对于直接保护电动机的电动机保护型断路器，只要有过载长延时和短路瞬时的二段保护性能就可以了，也就是说它可选择A类断路器（包括塑壳式和万能式）。

（3）家用断路器

家用和类似场所的保护，也是一种小型的八类断路器。配电（线路）、电动机和家用等的过电流保护断路器，因保护对象（如变压器、电线电缆、电动机和家用电器等）承受过载电流的能力（包括电动机的启动电流和启动时间等）有差异，因此，选用的断路器保护特性也是不同的。

（四）低压断路器灵敏度校验

低压断路器短路保护灵敏度应满足以下关系。

$$K_s = \frac{I_{K,\min}}{I_{OP}} \geq 1.3 \qquad (4-1)$$

式中：K_s——灵敏度。

I_{OP}——瞬时或短延时过电流脱扣器的动作电流整定值（kA）。

$I_{K,\min}$——保护线路末端在最小运行方式下的短路电流（kA）。

二、接触器

接触器是用作频繁接通和断开主回路（电源回路）的电器。车床、卷扬机、混凝土搅拌机等设备的控制属于频繁控制，配电箱、开关箱中电源的控制属于不频繁控制。

（一）接触器的工作过程

接触器由电磁机构、触头系统、灭弧装置和其他部分组成。

接触器的工作过程如下：在控制信号的作用下，如控制按钮的闭合、继电器触头的闭合，接触器的吸引线圈1通电，衔铁3被铁心2吸合，衔铁带动主触头6闭合，电源被接通，同时常开辅助触头4闭合，常闭辅助触头5断开。当吸引线圈断电时触头的动作相反。可见，接触器输入的是控制信号，输出的是触头闭合动作或断开动作，主触头动作用于主回路控制，辅助触头动作用于其他控制。接触器的触头受吸引线圈的控制，而吸引线圈很容易实现远距离控制，只要把控制导线拉长即可，传感器、继电器和接触器组合使用，可以实现接触器的自动控制。

（二）接触器的选用

1.接触器主触头额定电压的选择

接触器铭牌上所标额定电压系指主触头能承受的电压，并非吸引线圈的电压，使用时接触器主触头的额定电压应大于或等于负荷的额定电压。

2.接触器主触头额定工作电流的选择

接触器的额定工作电流并不完全等于被控设备的额定电流，这是它与一般电器的不同点。被控设备的工作方式分为长期工作制、间断长期工作制、反复短时工作制三种情况，根据这三种运行状况按下列原则选择接触器的额定工作电流。

（1）对于长期工作制运行的设备，一般按实际最大负荷电流占交流接触器额定工作电流的67%～75%范围选用。

（2）对于间断长期工作制运行的用电设备，选用交流接触器的额定工作电流时，使最大负荷电流占接触器额定工作电流的80%为宜。

（3）反复短时工作制运行的用电设备（暂载率不超过40%时），选用交流接触器的额定工作电流时，短时间的最大负荷电流可超过接触器额定工作电流的16%~20%。

3.接触器极数的选择

根据被控设备运行要求（如可逆、加速、降压启动等）选择接触器的结构形式（如三极、四极、五极）。

4.接触器吸引线圈电压的选择

如果控制线路比较简单，所用接触器的数量较少，则交流接触器吸引线圈的额定电压一般选用被控设备的电源电压，如380V或220V。如果控制线路比较复杂，使用的电器又比较多，为了安全起见，线圈的额定电压可选低一些，这时需要加一个控制变压器。

接触器和电力开关的功能比较：接触器主要用于主回路的频繁控制、远距离控制和自动控制，没有保护作用；电力开关主要用于电源的不频繁控制、手动控制，通常兼有多种保护作用，如过载保护、短路保护等。

三、热继电器

（一）热继电器的基本原理

热继电器的基本原理是利用电流的热效应，使双金属片弯曲而推动触头动作。双金属片由两种热膨胀系数不同的金属片轧焊在一起而成。

热继电器的结构原理：发热元件串联在电动机的主回路中，常闭触点串联在控制回路中。控制过程如下：主回路电流过大→发热元件过热→双金属片过热，向上弯曲→在弹簧的作用下顶板绕轴逆时针旋转→绝缘牵引板向右移动→触点断开→主回路断开，电动机停转。故障排除后按下复位按钮，触点重新闭合，双金属片复位，为重新启动做好了准备。

（二）热继电器的用途和选择要点

热继电器主要用于连续运行、负荷较稳定的电动机过载保护和缺相保护。选用热继电器时要注意以下几点。

（1）通常情况下取热继电器的整定电流与电动机的额定电流相等；但对过

载能力差的电动机，额定值只能取电动机额定电流的0.6～0.8倍；对启动时间较长、冲击性负载、拖动不允许停车的机械等情况，热元件的整定电流要比电动机额定电流高一些。

（2）电网电压严重不平衡，或较少有人照看的电动机，可选用三相结构的热继电器，以增加保护的可靠性。

（3）由于热继电器的热惯性较大，不能瞬时动作，故负荷变化较大、间歇运行的电动机不宜采用这种继电器保护。

第二节　低压配电装置

按电气接线要求将开关设备、测量仪表、保护电器和辅助设备组装在封闭或半封闭的金属柜中，构成低压配电箱柜，也称为低压配电装置。在正常运行时可借助手动或自动开关接通或分断电路，出现故障或非正常运行时，则借助保护电器切断电路或报警。用测量仪表可显示运行中的各种参数，还可对某些电气参数进行调整，当偏离正常工作状态时进行提示或发出信号。低压配电装置常用于发电厂、配电系统、变电所中。

一、低压配电箱的分类及常用配电箱柜的符号

（一）低压配电箱的分类

低压配电箱是接受和分配电能的装置，用它来直接控制对用电设备的配电。配电箱的种类很多，可按不同的方法归类。

（二）常用配电箱柜的符号

常用配电箱柜的符号如表4-1所示。

表4-1 常用配电箱柜的符号

名称	编号	电气箱柜名称	编号	电气箱柜名称	编号
高压开关柜	AH	低压动力配电箱柜	AP	计量箱柜	AW
高压计量柜	AM	低压照明配电箱柜	AL	励磁箱柜	AE
高压配电柜	AA	应急电力配电箱柜	APE	多种电源配电箱柜	AM
高压电容柜	AJ	应急照明配电箱柜	ALE	刀开关箱柜	AK
双电源自动切换箱柜	AT	低压负荷开关箱柜	AF	电源插座箱	AX
直流配电箱柜	AD	低压电容补偿柜	ACC或ACP	建筑自动化控制器箱	ABC
操作信号箱柜	AS	低压漏电断路器箱柜	ARC	火灾报警控制器箱	AFC
控制屏台箱柜	AC	分配器箱	AVP	设备监控器箱	ABC
继电保护箱柜	AR	接线端子箱	AXT	住户配线箱	ADD
信号放大器箱	ATF				

二、低压配电箱的结构

（一）开关柜

开关柜是一种成套开关设备和控制设备，为动力中心和主配电装置。其主要用作对电力线路、主要用电设备的控制、监视、测量与保护，通常设置在变电站、配电室等处。

1.动力配电箱，进线电压380V，交流三相。主要作为电动机等动力设备的配电，动力配电断路器选择配电型、动力型（短时过载倍数中、大）。

2.照明配电箱，进线电压220V，交流单相，或进线电压380V，交流三相。照明配电断路器选择一般是配电型、照明型（短时过载倍数中、小）。

（二）智能配电柜

智能配电柜是利用现代电子技术等代替传统控制方式的配电柜，其特点如下。

1.远程控制

在配电柜内采用微机处理程序，可根据无线电遥控、电话遥控以及用户要求进行控制，实现远程控制的功能。

2.功能齐全

除拥有原配电柜的功能（如隔离断开、过载、短路、漏电保护等功能）外，还实现了人性化操作控制，具有定时、程序控制、监控、报警以及声音控制、指纹识别等功能。而且随着智能技术的快速发展，功能越来越多。

3.硬件配合

相应的断路器与漏电保护器均按照设计要求安装到配电箱内；电路控制板采用继电器、晶闸管与晶体管作为输出，对电器进行控制；输入采用模块化接口，有模拟量、开关量两种方式；面板控制采用触摸方式，遥控器采用无线电或者红外线方式进行控制。

4.布线方式

由于智能配电柜采用了集中控制的方式，原有的穿线必须换掉或者增加控制信号，配管必须增大型号。

（三）配电箱

1.配电箱和开关柜的比较

配电箱和开关柜除了功能、安装环境、内部构造、受控对象等不同外，最显著的区别是外形尺寸不同：配电箱体积小，可安设在墙内，也可矗立在地面；而开关柜体积大，只能装置在变电站、配电室内。

2.箱（柜）体部分

（1）箱（柜）板材的各种指标必须符合国家有关要求，采用符合国家标准的冷轧钢板。

（2）金属部分包括电器的安装板、支架和电器金属外壳等均应良好接地。

3.元件部分

（1）所有塑壳断路器、空开、双电源断路器产品，厂家提供与之配套的电缆接线端子。

（2）电器、仪表等需进行检测及电气耐压、耐流实验，如设计图纸中设计的电表由供电部门安装，配电箱、柜应留有装表计量的位置。

三、低压配电装置的配电等级

变压器低压出线进入低压配电柜，经过配电柜对电能进行了一次分配（分出多路）即一级配电。一级配电出线到各楼层配电箱（柜），再次分出多路，此配电箱对电能进行了第二次分配，属二级配电。二次分配后的电能可能还要经过区域配电箱的第三次电能分配，即三级配电。一般配电级数不宜过多，过多使系统可靠性降低，但也不宜太少，否则故障影响面会太大，民用建筑常见的是采取三级配电，规模特别大的也有四级。

配电箱的保护指漏电脱扣保护功能，一般设置在配电系统的第二级或第三级出线端，分别用来保护第三级和终端用电器。

第三节　常用高压电器

交流额定电压在1kV以上的电压称高压，用于额定交流电压3kV及以上电路中的电器称高压电器，高压电器用在配电变压器的高压侧，常见的高压电器有高压隔离开关、高压熔断器、高压负荷开关、高压断路器等。

高压电器和对应低压电器的功能是类似的，如高压负荷开关和低压负荷开关的功能都是用于接通切断正常的负载电流，而不能用于切断短路电流，但高压电器承受的电压要高得多，二者在结构、原理上有较大差别。

一、高压隔离开关

高压隔离开关是一种有明显断口，只能用来切断电压不能用来切断电流的刀开关。隔离开关没有灭弧装置，不能用来切断电流，仅限于用来通断有电压而无负载的线路，或通断较小的电流，如电压互感器及有限容量的空载变压器，以使检修工作安全、方便。有的隔离开关带接地刀闸，开关分离后，接地刀闸将回路可能存在的残余电荷或杂散电流导入大地，以保障人身安全。

二、高压熔断器

高压熔断器用于小功率配电变压器的短路、过载保护，分为户内式、户外式；固定式、自动跌落式。有的有限流作用，限流式熔断器能在短路电流未达到最大值之前将电弧熄灭。

跌落式熔断器比较常用，它利用熔丝本身的机械拉力，将熔体管上的活动关节（动触头）锁紧，以保持合闸状态。熔丝熔断时在熔体管内产生电弧，管内壁在电弧的作用下产生大量高压气体，将电弧喷出、拉长而熄灭。熔丝熔断后，拉力消失，熔体管自动跌落。

有的跌落式熔断器有自动重合闸功能，有两只熔管，一只常用，一只备用。当常用管熔断跌落后，备用管在重合机构的作用下自动合上。跌落式熔断器熔断时会喷出大量的游离气体，同时发生爆炸声响，故只能用于户外。跌落式熔断器的熔管能直接用高压绝缘钩棒操作熔管的分合，故可以兼作隔离开关使用。

三、高压负荷开关

高压负荷开关用于通断负载电流，但由于灭弧能力不强，不能用于断开短路电流。高压负荷开关按灭弧方式的不同分为固体产气式、压气式和油浸式。负荷开关由导电系统、灭弧装置、绝缘子、底架、操作机构组成，有的和熔断器合为一体。同时采用负荷开关和熔断器可以代替断路器。

四、高压断路器

断路器除了具有负荷开关的功能外，还能自动切断短路电流，有的还能自动重合闸，起到了控制和保护两个方面的作用。它分为油式、空气式、真空式、六氟化硫式、磁吹式和固体产气式。过去，油断路器（油开关）的使用最为广泛，现在越来越多地使用真空式和六氟化硫（SF_6）式。

五、操作机构

操作机构又称操动机构，是操作断路器、负荷开关等分、合时所使用的驱动机构，它常与被操作的高压电器组合在一起。操作机构按操作动力分为手动式、电磁式、电动机式、弹簧式、液压式、气动式及合重锤式，其中电磁式、电动机式等需要交流电源或直流电源。

第五章　建筑电气照明

第一节　照明系统概述

一、常用的照明物理量概念

（一）光通量

人眼对不同波长的可见光具有不同的灵敏度，对黄绿光最敏感。人们比较几种波长不同而辐射能量相同的光时，会感到黄绿光最亮，而波长较长的红光与波长较短的紫光都暗得多，因此不能直接以光源的辐射功率衡量光能量，而要采用以人眼对光的感觉量为基准的基本量——光通量来衡量。

光通量 Φ 是根据辐射对标准光度观察者的作用导出的光度量。单位为流明（lm），$1lm=1cd \cdot 1sr$。对于明视觉有：

$$\Phi = K_m \int_0^\infty \frac{d\Phi_e(\lambda)}{d\lambda} V(\lambda) d\lambda \qquad (5-1)$$

式中：$d\Phi_e(\lambda)/d\lambda$——辐射通量的光谱分布。

$V(\lambda)$——光谱光（视）效率。

K_m——辐射的光谱（视）效能的最大值，单位为流明瓦特（lm/W）。在单色辐射时，明视觉条件下的 K_m 值为6831m/W（$\lambda=555nm$ 时）。

（二）发光强度

发光体在给定方向上的发光强度是该发光体在该方向的立体角元 $d\Omega$ 内传输

的光通量$d\Phi$除以该立体角元所得之商，即单位立体角的光通量。单位为坎德拉（cd），1cd=1lm/sr。

一只典型的100W白炽灯（电灯泡）发出的光大约1700lm，一只25W的荧光灯（日光灯、光管）也可以发出相同的光通量。在人眼看来，这两只灯泡的"亮度"是一样的。

（三）亮度

亮度是指发光表面在指定方向的发光强度与垂直且指定方向的发光面的面积之比，单位是坎德拉/平方米（cd/m²）。

$$L = d^2\Phi(dA \cdot \cos\theta \cdot d\Omega) \tag{5-2}$$

式中：$d\Phi$——由给定点的光束元传输的，并包含给定方向的立体角dD内传播的光通量（lm）。

dA——包括给定点的射束截面积（m²）。

θ——射束截面法线与射束方向间的夹角。

（四）照度

入射在包含该点的面元上的光通量$d\Phi$除以该面元面积dA所得之商。单位为勒克斯（lx），1lx=1lm/m²。

有时为了充分利用光源，常在光源上附加一个反射装置，使得某些方向能够得到比较多的光通量，以增加被照面上的照度。例如汽车前灯、手电筒、摄影灯等。

二、照明方式

（一）一般照明

一般照明是指为照亮整个场所而设置的均匀照明。室内，一般照明是指为照亮整个工作面而设置的照明，可采用若干灯对称地排列在整个顶棚上实现照明；施工现场，一般照明是指为照亮整个施工现场而设置的照明，可采用若干室外照明灯分散或集中设置来实现照明。

工作场所应设置一般照明。

（二）分区一般照明

为照亮工作场所中某一特定区域而设置的均匀照明。当同一场所内的不同区域有不同照度要求时，应采用分区一般照明。

（三）局部照明

特定视觉工作用的、为照亮某个局部而设置的照明。如施工现场的投光灯照明。在一个工作场所内不应只采用局部照明。

（四）混合照明

由一般照明与局部照明组成的照明，兼有一般照明和局部照明效果的照明形式。对于作业面照度要求较高，采用一般照明不合理的场所，宜采用混合照明。

（五）重点照明

为提高指定区域或目标的照度，使其比周围区域突出的照明。

三、照明种类

（一）正常照明

在正常情况下使用的照明。所有居住房间、室内工作场所及相关辅助场所均应设置正常照明。

（二）应急照明

因正常照明的电源失效而启用的照明。应急照明包括疏散照明、安全照明、备用照明。疏散照明用于确保疏散通道被有效地辨认而使用的应急照明。安全照明用于确保处于潜在危险之中的人员安全的应急照明。备用照明用于确保正常活动继续或暂时继续进行的应急照明。

当下列场所正常照明电源失效时，应设置应急照明。

1.需确保正常工作或活动继续进行的场所，应设置备用照明。

2.需确保处于潜在危险之中的人员安全的场所，应设置安全照明。

3.需确保人员安全疏散的出口和通道，应设置疏散照明。

（三）值班照明

非工作时间，为值班所设置的照明。需在夜间非工作时间值守或巡视的场所应设置值班照明。

（四）警卫照明

用于警戒而设置的照明。需警戒的场所，应根据警戒范围的要求设置警卫照明。

（五）障碍照明

在可能危及航行安全的建筑物或构筑物上安装的标识照明。

第二节　常用电光源及其附属装置

电气照明装置主要包括电光源、控制开关、插座、保护器和照明灯具。照明线路将各电气照明装置连接起来构成照明电路，通电即可实现照明并根据需要实现控制照明。选用照明装置时，应遵循有关设计标准，如《建筑照明设计标准》GB50034—2013。

一、常用电光源与灯具

按照工作原理，电光源分为热辐射光源、气体放电光源以及其他发光光源。

（一）热辐射光源

利用电流的热效应，将具有耐高温、低挥发性的灯丝加热到白炽化程度而产生可见光，这种电光源称为热辐射光源。常用的热辐射光源有白炽灯、卤钨灯等。

1.白炽灯

白炽灯是第一代大规模应用的电光源。其发光原理是靠钨丝白炽体的高温热辐射发光。白炽灯具有构造简单、安装使用方便、瞬间点燃、价格便宜等优点。其缺点是可见光只占热辐射的很少一部分，发光率低，寿命短，而且有黑化现象。目前白炽灯已逐步被淘汰。

2.卤钨灯

卤钨灯是在白炽灯的基础上改进而来的，也是第一代电光源。与白炽灯相比，它有体积小、光通量稳定、光效高、光色好、寿命长等特点。其发光原理与白炽灯相同。卤钨灯的性能比白炽灯有所改进，主要是由于卤钨循环的作用。卤钨灯包括碘钨灯和溴钨灯。卤钨灯被广泛作为商业橱窗、餐厅、会议室、博物馆、展览馆照明光源。

（二）气体放电光源

这种光源是利用电场对气体的作用，使气体电离，电子离子撞击荧光粉产生可见光。常用的气体放电光源有荧光灯、汞灯、钠灯、金属卤化物灯等。

1.荧光灯

荧光灯（俗称日光灯）的发光原理是利用汞蒸气在外加电源作用下产生弧光放电，可以发出少量的可见光和大量的紫外线，紫外线再激发管内壁的荧光粉使之发出大量的可见光，属于第二代电光源。具有光色好、光效高、寿命长、表面温度低等优点，因此被广泛应用于各类建筑物的室内照明。缺点是功率因数低，有频闪效应，不宜频繁开启。

2.高压汞灯

高压汞灯又叫高压水银灯，是一种较新型的电光源，主要优点是发光效率较高、寿命较长、省电、耐振。高压水银灯广泛用于街道、广场、车站、施工工地等大面积场所的照明。

3.高压钠灯

高压钠灯是利用高压钠蒸气放电的气体放电灯。它具有光效高、紫外线辐射小、透雾性好、寿命长、耐振、亮度高等优点。适合在交通要道、机场跑道、航道、码头等需要高亮度和高光效的场所使用。

4.金属卤化物灯

金属卤化物灯具有光效高、光色好（接近天然光）等优点。适用于电视、摄影、印染车间、体育馆以及要求高照度、高显色的场所。缺点是使用寿命短，光通量保持性及光色一致性较差。

（三）LED 灯

LED灯为低电压供电，具有附件简单、结构紧凑、可控性能好、色彩丰富纯正、高亮点、防潮、防震性能好、节能环保等优点，目前在显示技术领域，标志灯和带色的装饰照明占有举足轻重的地位。其能耗仅为白炽灯的1/10，寿命长达10万小时以上，并且易于循环回收利用。

二、常见电光源的适用场所与选择原则

（一）常见电光源的适用场所

不同的电光源适用于不同的场所，见表5-1。

表5-1 常用电光源的适用场所

光源名称	适用场所	举例
白炽灯	1.照明开关频繁，要求瞬时起动或要避免频闪效应的场所。 2.识别颜色要求较高或艺术需要的场所。 3.局部照明、事故照明。 4.需要调光的场所。 5.需要防止电磁波干扰的场所。	住宅、旅馆、饭馆、美术馆、博物馆、剧场、办公室、层高较低及照度要求较低的厂房、仓库及小型建筑等。
卤钨灯	1.照度要求较高，显色性要求较高，且无振的场所。 2.要求频闪效应小。 3.需要调光。	剧场、体育馆、展览馆、大礼堂、装配车间、精密机械加工车间。
荧光灯	1.悬挂高度较低（例如6m以下），要求照度又较高者（例如100lx以上）。 2.识别颜色要求较高的场所。 3.在无自然采光和自然采光不足而人们需长期停留的场所。	住宅、旅馆、饭馆、商店、办公室、阅览室、学校、医院、层高较低但照度要求较高的厂房、理化计量室、精密产品装配、控制室等。

续表

光源名称	适用场所	举例
荧光 高压汞灯	1.照度要求较高，但对光色无特殊要求的场所。 2.有振动的场所（自镇流式高压汞灯不适用）。	大中型厂房、仓库、动力站房、露天堆场及作业场地、厂区道路或城市一般道路等。
金属 卤化物灯	高大厂房，要求照度较高，且光色较好的场所。	大型精密产品总装车间、体育馆或体育场等。
高压钠灯	1.高大厂房，照度要求较高，但对光色无特别要求的场所。 2.有振动的场所。 3.多烟尘场所。	铸钢车间、铸铁车间、冶金车间、机加工车间、露天工作场地、厂区或城市主要道路、广场或港口等。
半导体灯	干净，有阅读和鉴别要求的空间不大的场合。	家庭、书房、办公室、夜总会包间等。

（二）光源的选择原则

1.应限制白炽灯、碘钨灯的使用。

2.使用卤钨灯、紧凑型荧光灯取代普通的白炽灯。

3.推荐T8、T5细管荧光灯。

4.推荐采用钠灯和金属卤化物灯。

5.使用高效节能灯具及其附件、控制设备和器件。

三、照明器

（一）照明器的概念

照明器一般由光源、照明灯具及其附件共同组成，除具有固定光源、保护光源、美化环境的作用外，还具有对光源产生的光通量进行再分配、定向控制和防止光源产生眩光的功能。

（二）照明器分类

分类方式较多，以下简单介绍几种。

1.按结构特点分类

照明器按结构特点分为开启型、闭合型、封闭型、密封型和防爆型五种。

2.按用途分类

照明器按用途分为功能性照明器与装饰性照明器两种。

3.按防触电保护方式分类

照明器按防触电保护方式分为0、Ⅰ、Ⅱ和Ⅲ四类。

4.按防尘、防水等分类

目前采用特征字母"IP"后面跟两个数字表示照明器的防尘、防水等级。第一个数字表示对人、固体异物或尘埃的防护能力，第二个数字表示对水的防护能力。

5.按光通量在空间的分布分类

照明器按光通量在空间的分布分为直射型、半直射型、漫射型、半间接型、间接型。

6.按安装方式分类

照明器按安装方式分为壁灯、吸顶灯、嵌入式灯、半嵌入式灯、吊顶、地脚灯、台灯、落地灯、庭院灯、道路广场灯、移动式灯、自动应急照明灯等。

（三）照明器防护形式的选择

照明器防护形式的选择必须按下列环境条件确定。

1.正常湿度一般场所，选用开启式照明器。

2.潮湿或特别潮湿场所，选用密闭型防水照明器或配有防水灯头的开启式照明器。

3.含有大量尘埃但无爆炸和火灾危险的场所，选用防尘型照明器。

4.有爆炸和火灾危险的场所，按危险场所等级选用防爆型照明器。

5.存在较强振动的场所，选用防振型照明器。

6.有酸碱等强腐蚀介质的场所，选用耐酸碱型照明器。

下列特殊场所应使用安全特低电压照明器。

1.隧道、人防工程、高温、有导电灰尘、比较潮湿或灯具离地面高度低于1.5m等场所的照明，电源电压不得大于36V。

2.潮湿和易触及带电体场所的照明，电源电压不得大于24V。

3.特别潮湿场所、导电良好的地面、锅炉或金属容器内的照明，电源电压不得大于12V。

第三节 照度计算

照度计算是照明设计的主要内容之一，是正确进行照明设计的重要环节。照度计算的目的是根据照明需要及其他已知条件，决定照明灯具的数量以及其中电光源的容量，并据此确定照明灯具的布置方案。或者在照明灯具形式、布置及光源的容量都已确定的情况下，通过进行照度计算来定量评价实际使用场合的照明质量。下面介绍两种常用的照度计算方法：利用系数法和单位容量法。

一、利用系数法

利用系数法是根据房屋的空间系数等因素，运用多次相互反射的理论，求得灯具的利用系数，计算出要达到平均照度值所需要的灯具数的计算方法，是一种平均照度计算方法。这种方法适用于灯具均匀布置的一般照明。

（一）利用系数法的计算公式

每一盏灯具内灯泡的光通量为：

$$E_{av} = N\Phi K_U / Sk \tag{5-3}$$

最小照度值为：

$$E_{min} = N\Phi K_U / SkZ \tag{5-4}$$

式中：E_{av}——工作面上的平均照度（lx）。

N——由布灯方案得出的灯具数量。

Φ——每盏灯具内光源的光通量（lm）。

K_U——光通利用系数。

S——房间面积（m²）。

k——减光补偿系数，见表5-2。

Z——最小照度系数（平均照度与最小照度之比），见表5-3。

表5-2 减光补偿系数k

环境类别	房间或场所举例	照度补偿系数	每年灯具擦洗次数
清洁	卧室、办公室、餐厅、阅览室、教室、客房等	8.25	2
一般	商店营业厅、候车室、影剧院、体育馆等	1.43	2
污染严重	厨房、锻造车间等	1.67	3
室外	雨篷、站台	1.54	2

利用系数K_U是表示照明光源光通利用程度的一个参数，用投射到工作面上的光通量（包括直射和反射到工作面上的所有光通）与全部光源发出的总光通量之比表示。

表5-3 部分灯具的最小照度系数z

灯具类型	L/h			
	0.8	8.2	1.6	2.0
双罩型工厂灯	8.27	8.22	8.33	1.55
散照型防水防尘灯	8.20	8.15	8.25	1.5
深照型灯	8.15	1.09	8.18	1.44
乳白玻璃罩吊灯	1.00	1.00	8.18	8.18

式5-4是当最小照度为E时，每一盏灯具应发出的光通量多少；如果只需保证平均照度时，则不必除以最小照度系数Z，一般按照最小照度计算。

（二）计算步骤

1.选择灯具，计算合适的计算高度，进行灯具布置。

2.根据灯具的计算高度h及房间尺寸，确定室形指数即

$$i = ad/h(a+b) \quad （5-5）$$

式中：i——室形指数。

h——计算高度（m）。

a——房间长度（m）。

b——房间宽度（m）。

$$RCR = \frac{5h_r(a+b)}{ab} \quad （5-6）$$

式中RCR——室空间比。

h_r——室空间高，即灯具的计算高度A（m）。

a——房间长度（m）。

b——房间宽度（m）。

3.天棚、墙壁和地板的反射系数（分别用p_i、p_q、p_d表示）如下：

①白色天棚、带有窗子（有白色窗帘遮蔽）的白色墙壁，反射系数为70%。

②无窗帘遮蔽的窗子、混凝土及光亮的天棚、潮湿建筑物的白色开棚，反射系数为50%。

③有窗子的混凝土墙壁、用光亮纸糊的墙壁、木天棚、一般混凝土地面，反射系数为30%。

④带有大量暗色灰尘建筑物内的混凝土、木天棚、墙壁、砖墙及其他有色的地面，反射系数为10%。

4.根据选用灯具的型号和反射系数，从灯具利用系数表中查得光通利用系数K_U。灯具利用系数表本书不再详细描述，请读者自己查询。

5.根据表5-2和表5-3确定最小照度系数Z值和减光补偿系数K值。

6.根据规定的平均照度，按式5-3计算每盏灯具所必需的光通量。

7.根据计算的光通量选择光源功率。

8.根据式5-4验算实际的最小照度是否满足。

二、单位容量法

单位容量法是在各种光通利用系数和光的损失等因素相对固定的条件下，得出的平均照度的简化计算方法，适用于设计方案或初步设计的近似计算和一般的照明计算。一般在知道房间的被照面积后，可根据推荐的单位面积安装功率，来计算房间所需的总的电光源功率。

（一）计算公式

单位容量就是每平方米照明面积的安装功率，其公式是：

$$\sum P = ws \qquad\qquad (5-7)$$

$$N = \sum P / P \qquad\qquad (5-8)$$

式中：$\sum P$——总安装容量（功率），不包括镇流器的功率损耗（W）。

P——每套灯具的安装容量（功率），不包括镇流器的功率损耗（W）。

N——在规定照度下所需灯具数（套）。

s——房间面积，一般指建筑面积（m^2）。

w——在某最低照度值时的单位面积安装容量（功率）（w/m^2）。

（二）计算步骤

1.根据不同场所对照明设计的要求，首先选择照明光源和灯具。

2.根据所要达到的照度要求，查找相应灯具的单位面积安装容量表。

3.将查询到的数值按式5-7、5-8计算灯具的数量，确定布灯方案。

第四节 建筑内照明系统设计

一、照明设计概述

照明设计的基本原则是实用、经济、安全、美观。根据这一基本原则，电气照明设计应根据视觉要求、作业性质和环境条件，使工作和生活空间视觉功效良好、照度和显色性合理、亮度分布适宜以及视觉环境舒适。在确定照明方案时，应考虑不同类型建筑和场所对照明的不同要求，处理好人工照明与天然照明的关系，合理使用建设资金，尽量采用节能光源高效灯具等。

总之，照明设计目的是根据人的视觉功能要求，提供舒适明快的环境和安全保障。设计要解决照度计算、导线截面的计算、各种灯具及材料的选型，并绘制平面布置图、大样图和系统图。

二、照明设计的内容

电气照明设计由两部分组成：照明供电设计和灯具设计。

照明供电设计包括：电源和供电方式的确定，照明配电网络形式的选择，电气设备的选择，导线和敷设方式的确定。

照明灯具设计包括：照明方式的选择，电光源的选择，照度标准的确定，照明器的选择及布置，照度的计算，电光源安装功率的确定。

三、照明设计的步骤

1.了解建设单位的投资水平、豪华程度、照明标准等要求，明确设计方向。

2.收集有关技术资料和技术标准。

3.确定照度标准。

4.确定电光源、照明方式、灯具种类、安装方式。

5.进行照度计算，计算照明设备总容量。

6.对于比较复杂的大型工程要进行方案比较、评价和确定。

7.配电线路设计，分配三相负载。计算干线的截面、型号及敷设部位，选择变压器、配电箱、配电柜和各种高低压电器的规格容量。

8.绘制照明平面图和系统图，标注型号规格及尺寸。必要时绘制大样图，注意配电箱留墙洞的尺寸要准确无误。

9.绘制材料总表，按需要编制工程概算或预算。

10.编写设计说明书，主要内容包括进线方式、主要设备、材料的规格型号及做法等。

四、照度标准

（一）照度标准值分级

照度标准值应按下列数值进行分级。

0.5lx、1lx、2lx、3lx、5lx、10lx、15lx、20lx、30lx、50lx、75lx、100lx、150lx、200lx、300lx、500lx、750lx、1000lx、1500lx、2000lx、3000lx、5000lx。

设计照度与照度标准值的偏差不应超过 ± 10%。

（二）应急照明的照度标准值

1.备用照明的照度值除另有规定外，不低于该场所一般照明照度值的10%。

2.安全照明的照度值不低于该场所一般照明照度值的5%。

3.疏散通道的疏散照明照度值不低于0.5lx。

（三）住宅建筑照明标准值

住宅建筑照明标准值见表5-4。

表5-4 住宅建筑照明标准值

房间或场所		参考平面及其高度	照度标准值（lx）
起居室	一般活动	0.75m水平面	100
	书写、阅读		300★
卧室	一般活动	0.75m水平面	75
	床头、阅读		150★
餐厅		0.75m餐桌面	150
厨房	一般活动	0.75m水平面	100
	操作台	台面	150★
卫生间		0.75m水平面	100
电梯、前厅		地面	75
走道、楼梯间		地面	50
车库		地面	30

注：★指混合照明照度。其余各类型的建筑照明标准值参见附录1。

五、照明配电

（一）照明电压

一般照明光源的电源电压应采用220V；1500W及以上的高强度气体放电灯的电源电压宜采用380V。安装在水下的灯具应采用安全特低电压供电，其交流电压值不应大于12V，无纹波直流供电不应大于30V。

当移动式和手提式灯具采用Ⅲ类灯具时，应采用安全特低电压（SELV）供电，其电压限值应符合下列规定。

1.干燥场所交流供电不大于50V，无纹波直流供电不大于120V。

2.潮湿场所不大于25V，无波纹直流供电不大于60V。

照明灯具的端电压不宜大于其额定电压的105%，且应符合下列规定。

1.一般工作场所不宜低于其额定电压的95%，远离变电所的小面积一般工作场所难以满足时，可为90%。

2.应急照明和用安全特低电压（SELV）供电的照明不宜低于其额定电压的90%。

（二）照明配电系统

1.供照明用的配电变压器的设置应符合下列规定。

①当电力设备无大功率冲击性负荷时，照明和电力宜共用变压器。

②当电力设备有大功率冲击性负荷时，照明宜与冲击性负荷各接不同变压器；当须接同一变压器时，照明应由专用馈电线供电。

③当照明安装功率较大或谐波含量较大时，宜采用照明专用变压器。

2.应急照明的供电应符合下列规定。

①疏散照明的应急电源宜采用蓄电池（或干电池）装置，或蓄电池（或干电池）与供电系统中有效地独立于正常照明电源的专用馈电线路的组合，或采用蓄电池（或干电池）装置与自备发电机组组合的方式。

②安全照明的应急电源应和该场所的供电线路分别接自不同变压器或不同馈电干线，必要时采用蓄电池组供电。

③备用照明的应急电源宜采用供电系统中有效地独立于正常照明电源的专用馈电线路或自备发电机组。

3.三相配电干线的各相负荷宜平衡分配，最大相负荷不宜大于三相负荷平均值的115%，最小相负荷不宜小于三相负荷平均值的85%。

4.正常照明单相分支回路的电流不宜大于16A，所接光源数或发光二极管灯具数不宜超过25个；当连接建筑装饰性组合灯具时，回路电流不宜大于25A，光源数不宜超过60个；连接高强度气体放电灯的单相分支回路的电流不宜大于25A。

5.电源插座不宜和普通照明灯接在同一分支回路。

6.电压偏差较大的场所，宜设置稳压装置。

7.使用电感镇流器的气体放电灯应在灯具内设置电容补偿，荧光灯功率因数不应低于0.9，高强气体放电灯功率因数不应低于0.85。

8.气体放电灯的频闪效应对视觉作业有影响的场所，应采用安装高频电子镇流器，或者采用相邻灯具分接在不同相序的措施。

9.当采用Ⅰ类灯具时，灯具的外露可导电部分应可靠接地。

10.当照明装置采用安全特低电压供电时，应采用安全隔离变压器，且二次侧不应接地。

11.照明分支线路应采用铜芯绝缘电线，分支线截面不应小于1.5mm²。

（三）照明控制

1.公共建筑和工业建筑的走廊、楼梯间、门厅等公共场所的照明，宜按建筑使用条件和天然采光状况采取分区、分组控制措施。

2.公共场所应采用集中控制，并按需要采取调光或降低照度的控制措施。

3.旅馆的每间（套）客房应设置节能控制型总开关；楼梯间、走道的照明，除应急疏散照明外，宜采用自动调节照度等节能措施。

4.住宅建筑共用部位的照明，应采用延时自动熄灭或自动降低照度等节能措施。当应急疏散照明采用节能自熄开关时，应采取消防时强制点亮的措施。

5.除设置单个灯具的房间外，每个房间照明控制开关不宜少于2个。

6.当房间或场所装设两列或多列灯具时，宜按下列方式分组控制。

①生产场所宜按车间、工段或工序分组。

②在有可能分隔的场所，宜按每个有可能分隔的场所分组。

③电化教室、会议厅、多功能厅、报告厅等场所，宜按靠近或远离讲台分组。

④除上述场所外，所控灯列可与侧窗平行。

7.有条件的场所，宜采用下列控制方式。

①可利用天然采光的场所，宜随天然光照度变化自动调节照度。

②办公室的工作区域，公共建筑的楼梯间、走道等场所，可按使用需求自动开关灯或调光。

③地下车库宜按使用需求自动调节照度。

④门厅、大堂、电梯厅等场所，宜采用夜间定时降低照度的自动控制装置。

8.大型公共建筑按使用需求宜采用适宜的自动（含智能控制）照明控制系统。其智能照明控制系统宜具备下列功能。

①宜具备信息采集功能和多种控制方式，并设置不同场景的控制模式。

②当控制照明装置时，宜具备相适应的接口。

③可实时显示和记录所控制照明系统的各种相关信息，并自动生成分析和统计报表。

④宜具备良好的中文人机交互界面。

⑤宜预留与其他系统的联动接口。

六、应急照明设计

应急照明按其功能分为两个类型：一是指示出口方向及位置的疏散标志灯；二是照亮疏散通道的疏散照明灯。应急照明每一回路不宜超过15A，灯的数量不宜超过20个。

在需要设置疏散照明的建筑物内，应该按以下原则布置：在建筑物内，疏散走道上或公共厅堂内任何位置的人员，都能看到疏散标志或疏散指示标志，一直到达出口。疏散应急照明灯宜设在墙面上或顶棚上。安全出口标志宜设在出口的顶部；疏散走道的指示标志宜设在疏散走道及其转角处距地面1m以下的墙面上。应急出口及疏散走道的应急照明灯都属于标志灯，在紧急情况下要求可靠、有效地辨认标志。

应急照明安装位置和安装高度。我们平常用的双头消防应急照明灯，应安装在消防通道或是安全逃生出口的正上方，在楼梯拐角地距地面2.2米的位置进行安装，如果是距离较长的疏散通道，应按照当地消防部门的实际要求，或者是直接根据应急灯具在实际使用场所的使用情况以适当的密度进行合理的安装。

第五节　照明电气线路的施工安装

一、照明灯具的安装

安装照明灯具时，灯具及其配件应齐全，并应无机械损伤、变形、油漆剥落和灯罩破裂等缺陷。根据灯具的安装场所及用途，引向每个灯具的导线线芯最小截面应符合表5-5的规定。

表5-5　导线线芯最小截面

灯具的安装场所及用途	线芯最小截面/mm²		
	铜芯软线	铜线	铝线
民用建筑室内	0.5	0.5	2.5
灯头线工业建筑室内	0.5	1.0	2.5
室外	1.0	1.0	2.5

目前应用最多的是2.5mm²铜线。

灯具不得直接安装在可燃构件上；当灯具表面高温部位靠近可燃物时，应采取隔热、散热措施。在变电所内，高压、低压配电设备及母线的正上方不应安装灯具。每套路灯应在相线上装设熔断器。由架空线引入路灯的导线，在灯具入口处应做防水弯。

36V及以下照明变压器的安装应符合下列要求。

电源侧应有短路保护，其熔丝的额定电流不应大于变压器的额定电流。外壳、铁芯和低压侧的任意一端或中性点，均应接地或接零。

固定在移动结构上的灯具，其导线宜敷设在移动构架的内侧；在移动构架活动时，导线不应受拉力和磨损。

当灯具距离地面安装高度小于2.4m时，灯具的可接近裸露导体必须接地（PE）或接零（PEN）可靠，并应有专用的接地螺栓，且有标识。

二、照明开关的安装

同一建筑物、构筑物内，开关的通断位置应一致，操作灵活，接触可靠。同一室内安装的开关控制有序不错位，相线应经开关控制。开关的安装位置应便于操作，同一建筑物内开关边缘距门框（套）的距离宜为0.15～0.2m。同一室内相同规格相同标高的开关高度差不宜大于5mm，并列安装相同规格的开关高度差不宜大于1mm，并列安装不同规格的开关宜底边平齐；并列安装的拉线开关相邻间距不小于20mm。

暗装的开关面板应紧贴墙面或装饰面，四周应无缝隙，安装应牢固，表面应光滑整洁、无碎裂、划伤，装饰帽（板）齐全；接线盒应安装到位，接线盒内干净整洁，无锈蚀。安装在装饰面上的开关，其电线不得裸露在装饰层内。

参考文献

[1]杨岚.市政工程基础 第2版[M].北京：化学工业出版社，2020.

[2]张谊，刘克国.市政工程绿色施工管理[M].成都：西南财经大学出版社，2019.

[3]李兵，王海妮，胡安春，陈绪功.市政道路工程施工技术与实务[M].北京：光明日报出版社，2019.

[4]黄春蕾.市政工程项目管理[M].郑州：黄河水利出版社，2020.

[5]张怡，张力.市政工程识图与构造[M].北京：中国建筑工业出版社，2019.

[6]李海林，李清.市政工程与基础工程建设研究[M].哈尔滨：哈尔滨工程大学出版社，2019.

[7]安关峰.市政工程施工安全管控指南[M].北京：中国建筑工业出版社，2019.

[8]黎洪光，崔瑞.市政工程概论[M].黄河水利出版社，2019.

[9]解振坤，杨江妮.市政工程施工技术 第3版[M].北京：中国林业出版社，2018.

[10]孟远远，王天琪.建筑与市政工程施工组织设计[M].北京：中国林业出版社，2018.

[11]李蔚.建筑电气设计重要技术问题探讨[M].北京：中国建筑工业出版社，2020.

[12]祁林，司文杰.智能建筑中的电气与控制系统设计研究[M].长春：吉林大学出版社，2019.

[13]苏山，魏华，韦宇.建筑电气控制技术[M].电子工业出版社，2019.

[14]郭福雁，乔蕾.建筑电气照明[M].哈尔滨：哈尔滨工程大学出版社，

2018.

[15]方潜生.建筑电气 第2版[M].北京：中国建筑工业出版社， 2018.

[16]裴涛，王瑾烽，张贵芳.建筑电气控制技术[M].武汉：武汉理工大学出版社， 2018.

[17]顾菊平，马小军.建筑电气控制技术 第3版[M].北京：机械工业出版社， 2018.

[18]郭喜峰.建筑电气照明设计与应用[M].北京：中国电力出版社， 2018.

[19]岳井峰.建筑电气施工技术[M].北京：北京理工大学出版社， 2017.

[20]袁进东，李双喜.建筑电气工程[M].北京：中国林业出版社，2018.